即便是在普通的人生当中，

也会有闪闪发光的事。

前路漫漫，需自身强大。

这世界很烦，但你要很可爱。

万特特 等 著

这世界很烦，但你要很可爱

2.0版

新世界出版社
NEW WORLD PRESS

万特特

好好对待感情，不等于恋爱脑。

若能明白“你若无情我便休”这一原则，就没什么好不舍的。

不如趁早收网，和彼此相爱的人相互心软，好过在不爱你的人身上浪费爱意。

徐多多

不是所有的“有话说”都能维持一辈子，
爱情是一场互动，
失去了任何一方的主动，情感的天平都将迅速倾斜。
在合适的时间给予对方回应是爱的表现，
所以请珍惜那个每天都和你聊天的人。

文长长

生活的游戏规则是，谁都不能一劳永逸。

此时赢了，不必得意，人生还长着呢，暂时的赢不能保你一世繁华；

此时输了，也没关系，人生还长，一时输不代表输一辈子。

只要永远不放弃，踏踏实实往前赶路，

那么总有一日，你会在人生这个牌桌上赢一次大满贯。

那些30岁以后，才明白的人生真相

我们身边有一种人，年龄从来不是她们身上的标签。因为她们行走江湖，靠的是少女力。

少女力与年龄无关，不限于年轻漂亮，它更像是隐藏在女性身上的能量。只有内在能量被真正唤醒时，女性才能达到富足、自由、自信的状态。而其中最珍贵的能量，大概就是无论时间如何无情，世事如何破碎，仍保留了天真赤诚的心性，以及温柔勇敢的态度。

我们把这种美，叫作可爱。时隔四年，这本关于可爱的书满载着人生的真相，再次跟你见面了。

别太早放弃你的皮囊，脸和状态就是各凭本事。

怀揣着对美的渴望与追逐，颤颤巍巍地与自己的“不完美”对抗，是大多数女孩成长的必经过程之一。

毕竟这都什么时代了，别再拿年龄说事，没人会翻出你的身份证看你是几岁。你看上去多大，就是多大；你看上去多胖，就是多胖。

保持体重的意义并不在于体重本身，而在于你没有对岁月投降，你没有对世界妥协。岁月可以偷走你的胶原蛋白，但只要你有决心，它永远无法偷走你的挺拔和轻盈。

涂口红的时候集中精力，抹腮红的时候面带微笑挤出苹果肌，试衣服的时候身姿挺拔，然后你会发现，那些身上或心上的疼痛或不甘，瞬间变得没那么嚣张了。

“美”不仅意味着一个人有很好的审美品位，对生活有很大的激情与热望，还意味着她有很强的自我管理能力，而这恰恰是这个浮躁的时代里可贵难得的品质。

不管以后遭遇什么，希望你都能心有底气地说一句：“我这么美，才没有时间颓废。”

——

要和打心眼儿里觉得你好的人在一起。

遇到很好的爱人，真的是一种恩赐，会让整个人都变得柔软起来。要和打心眼儿里觉得你好的人在一起，这样的人能够看到你的优点并且肯定你，在你不自信的时候给你力量和信心，真心实意地觉得你很可爱。人是会在爱和夸赞里变得越来越自信的。

这份爱意会给你底气，你在打算稀里糊涂地过普通的人生时，会因为这个人而想再努力一点；你在疲惫不堪、抬不起头看月亮的日子里，会因为对方而有盼头。

一定要远离那些喜欢否定你、让你陷入自我怀疑的人。即便他打着爱你的名号，那也不是爱。生活已经够累人了，如果爱不能让你获得力量，反而是在消耗你，那你又能坚持多久呢？

—

无论在什么时代，用心干自己的事业都是一条好出路。

大多数人并不知道自己想要什么，却非常不现实地想要“梦想成真”。

千万别信“婚姻是女人唯一的归宿”这种鬼话，你去看看那些三十多岁的姐姐们，她们身上的大部分光芒都是来自工作和成就。有野心，能力强，凭借多年的打拼，得到别人和自己认同的成绩，才有挺直腰杆的底气，连傲慢都理直气壮。

事业是一切的基础。

金钱、资源以及烦恼更少的爱情都需要以成功的事业为前提。能否选择自己想要的、能否得到自己想要的、生活的尊严与底气，都来自事业。

希望你的志向永不穷尽，心灵永不衰败，希望你能永久保持向上的姿态，永远站在自己这一边。

—

我们都是幸运的普通人。

或许我们都一样，出生在平凡的家庭，顶着不起眼的外貌，接受九年制义务教育，从来没有什么特长，好像也没有坚持下来的爱好，没有当过学霸、校花校草什么的，按部就班毕了业，找到一份还不错的工作，当起了打工人，期待遇见一个爱自己的人，组建一个平凡的家庭。

这是不是你——一个普通人的人生？

那你有没有想过，在给你的这个人生剧本里，没有天灾，没有战争，没有意外，你和父母都身体健康，你没有流离失所，想吃的美食也都买得起，你还可以像此时此刻一样，倚在沙发上看着书？我们将此称作普通人的人生。

其实这已经是属于少数人的很幸运的人生了，我们都是各种意义上的幸存者。

即便是在普通的人生当中，也会有闪闪发光的事情。

但愿你能留意并抓住它们，把它们好好地装在自己的星星罐里。这样等你以后烦了累了，可以把里面的那些星星拿出来看看，它们能帮你度过艰难的时光。

——

亲爱的女孩，这个世界就是这样，你会认识形形色色的人，会遇到无法理解的恶意，会感到失望，但只要过去了，你就会发现，那些带着偏见自说自话的言论，还有那些你不能理解的恶意，都只是在提醒我们不要成为那样的人。你或许会焦虑，会不知所措，会不如意，会感到绝望……前路漫漫，自身须更强大。

愿我们历经善恶，依旧少女无畏。

林夏萨摩

后来的释怀，不过是我们不能因为没被选择而心生怨憎。

你可能依然爱着某个人，但这不影响你往前走。

韦 娜

有时茫然无措，有时豁然开朗。爱的时候勇敢爱，恨的时候洒脱走。

你是女孩，请爱生活的任何一种姿态，也爱任何一个时刻的自己。

陶瓷兔子

“后浪”不需要知道自己该做什么。

真正需要被提醒“你还年轻”的，永远都只是“前浪”。

每个人都会老去，而只有拥有好奇心和耐心的人，才能享受未来。

目录

闫晓雨

少女的另一个代名词是生命力——天真无畏，野蛮生长。
不要被世俗的刻板印象所定义，大胆去做自己喜欢的事情吧。
少女的生命张力中兼具脆弱与倔强、柔美与肆意。
年轻时我们向这世界探索的每一步，都在构建自我的路上。

闫晓雨

“酷”是内心的态度，而不是你又打了一个耳钉

每个人喜欢的东西不同，

“酷”定义的从来不是一个人的外表。

真正的酷不是你去潜水，

而是你因为喜欢潜水而坚持克服痛苦。

选择本身不酷，酷的是我们能借此找到心之所向。

热爱本身不酷，酷的是我们在追逐星星的同时活成自己的太阳。

—

在 25 岁以前，我一直想做一个“酷女孩”。

可能因为从小生长的环境温暾，我虽算不得乖乖女，但也没真正体验过疯狂的青春。

内心里，总有一种隐秘的向往：成为那种大胆的、放肆的、敢爱敢恨的侠女。

我穿着甜美的碎花裙穿梭在胡同里，耳朵里却是排山倒海般的摇滚乐；我在办公室里慢声细语低调做人，下班后却在互联网上用写作大胆打开新世界。从小到大，我被夸最多的词是“可爱”。我当然很喜欢被夸可爱，但某种程度上，我又狭隘地认为，夸人可爱只是一种客套，任何女生都是可爱的呀！

而我想要的是特别，是能够被人记住。

所以有一段时间，我陷入一种女性身份的迷茫：我开始讨厌自己的“娃娃音”，想要丢掉衣橱里那些五颜六色的裙子，换成大版卫衣裤，就连在微信里发表情包，也会刻意减少频率，觉得那样不够“酷”，不够高冷。

彼时的我，单纯认为酷就是特立独行，就是要和别人不一样。

如今想来真是幼稚得可爱。

其实这种后青春期的执念，不过是我对活力、速度、敏感度、事物好奇心的一种眷恋，拼命想要延长自己的少年时代，想要弥补自己从未在人群中成为焦点的遗憾。年轻女孩的心思总是奇奇怪怪。

有趣的是，这样的执念让我拥有了许多奇妙的人生经历。

二

2017 年，我和好友赵相机去巴厘岛旅行。

赵相机是一个英姿飒爽的女孩，喜欢运动、健身，旅行途中带着我挑战了很多新奇事物，例如玩滑翔伞、坐船出海。

对我这个从小生长在内陆草原的女孩来说，这些是全新的体验。

我就像一匹脱缰野马奔跑在盛夏的岛屿上，大大咧咧的性子，整个人晒成小麦肤色，和赵相机坐在海边看日落，吃水果和烤肉混合做成的东南亚风情糊状食物。

看着天边一点点坠下去的橙色夕阳，身边传来女孩爽朗的笑声："晓雨，明天要不要试试和我一起去潜水？"

"啊？"我愣了一下。

从小就怕水的我从来没有想过去潜水，但对于未知领域的好奇，又像一串风铃，不停敲打着我的心门。想到近些年在社交媒体上看到好多女孩去学潜水，她们在海底拍的照片是那样的肆意，我犹豫了一小会儿，还是点点头，决定去体验一次。

毕竟这是“酷女孩”们喜欢的运动。

于是，次日，懵懂的我就跟着朋友去学习潜水。教练是印度尼西亚本地人，不擅长英语，凭着旁边的助教翻译，一点点细心指导我们。

看着身边其他人应付自如的样子，我猜测该不会太难。但真正潜入水下，我的耳朵逐渐发出轰鸣声，由水压引起的耳膜酸胀、疼痛如浪潮般一股股冲击着惊慌失措的我。

我整个人都不好了。

一瞬间大脑变得空白，腿不会蹬了，嘴巴也无法说话，只好不停打手势给教练看。教练看到后及时把我带上了岸。

上岸后我整个人还没有从那种深水恐惧中走出，坐在船的甲板上瑟瑟发抖。朋友拿了瓶水，朝我走来。

她拍拍我的头说：“每个人的身体适应能力不同，没事啦。”

然后她很耐心地对我说，这一路旅行，和我相处甚是愉快，我喜欢分享，喜欢拍照，还乐于尝试新鲜事物，和我在一起她感觉很放松。

聊到潜水这块儿，她不好意思地笑笑说：“都怪我拉着你来，让你怪遭罪的。”

我摆摆手道：“不怪你，是我太想成为一个酷酷的女孩了。我觉得潜水是一件很酷的事情。”

我把自己内心真实的想法告诉朋友，没想到她哈哈大笑。

每个人喜欢的东西不同，酷定义的从来不是一个人的外表，也不能把运动等同于酷。真正的酷不是你去潜水，而是你因为喜欢潜水而坚持克服痛苦。

选择本身不酷，酷的是我们能借此找到心之所向。

热爱本身不酷，酷的是我们在追逐星星的同时活成自己的太阳。

所谓的酷，并不是演给别人看，而是实实在在地为自己喜欢的人生拼尽全力。你不需要随波逐流，你只需要做你自己。

晴天读书，雨天写作，摩挲生活，忠于内心。

这也是一种酷。

—

这么多年，我一直对酷有误解，为此做了很多“傻事”。

例如随波逐流，不顾自身情况去潜水，结果发现自己的耳膜受不了水压；去川藏旅行，不听人劝阻在 318 国道上蹦蹦跳跳，结果产生高原反应，晕倒在山顶；还有在本命年去文身，却不知道自己晕针，休克在了文身师面前，吓得同行伙伴差点拨打 120……

在经历了很多追酷不成以后，我终于明白，我理想中的那种酷其实只是一种表象上的特立独行，是用于证明自己存在的一种方式，是鲁莽的，是幼稚的，是如同小女孩向往烫卷发、穿高跟鞋一般的年轻憧憬。

那只是一种对于未知世界的试探。

真正的“酷女孩”，从不会为了讨好别人做事，也并不在意外界的反馈，她们的特立独行来源于对自身的了解，而不是像我那样，横冲直撞伪装成一个大人。

从那之后，我就很少刻意地做什么了。

我开始真正接纳我自己：接纳我的温暾，接纳我的平凡；接纳我的内向，接纳我的社恐；接纳我就是说话声音听起来嗲嗲的；接纳我就是一个身体素质一般的女性；接纳我就是喜欢穿裙子而不喜欢穿裤子；接纳我的小小虚荣心；接纳我就算不完美，但依然过得很快乐的现状。

我不再羡慕人群中那些一眼望去就很吸引人的女孩。我知道，她们有她们的魅力，各人也有各人的苦恼。我怀抱着欣赏和共情，在和优秀的女孩们成为朋友的同时，亦深知自己有自己的路要走。

喜欢玫瑰，并不代表你也要成为玫瑰。

花开百朵，各有千秋。

待到来日，沁香满园。

我开始把注意力集中到自己身上，不再去琢磨别人是怎么生活的。

生活无聊的时候，我不会再单纯靠玩乐来填补自己的空虚，而是静下心去创作；遇到偏激的批评，我并不着急解释，而是坚持做自己喜欢的事情；有时候工作到很晚，很累，整个人瘫在床上，听着朝阳北路上传来的刺耳的鸣笛声，会产生片刻迷茫，但睡觉醒来看到窗外的阳光依然觉得欣慰。

我度过一段很长的独处时间。最近两年，我很少再沉溺于社交媒体，所有的分享都回归记录本身，再也没有过那种暗戳戳想要刻意吸引别人注意力的时候。

我每天看书写字，自己做饭，以赤诚的模样，对话生命中出现的每个人。

和好朋友们在夏夜里吹着晚风，谈天说地。

在读书会里带着天南地北的朋友，交换故事。

不知不觉我打开了自己，也吸引了很多不同类型的人来到我身边。

我的世界比从前更辽阔。

——

前几天有个女孩给我发微信说：“晓雨，我觉得你很酷啊。”

我特别惊讶。

我长这么大，这还是第一次听到酷的评价。

虽然我曾经无数次幻想过自己能够成为一个“酷女孩”，但真正听到别人这么说，我反而不是惊喜，而是好奇，好奇自己哪里称得上酷。

对方很坦诚：“我觉得，你一直在做自己喜欢的事情。这件事本身就很酷呀。”

酷的本质，是一种想象力，是对平庸生活的尖锐探索，是我们这些普通女孩身处这纷繁人世，没有选择稀里糊涂过一生，而是有思考、有意识地选择了一条自己想走的路。

这条路在许多人的眼里崎岖不平，只有你自己懂那种披荆斩棘的快感。

这个女孩给我写了很长一段话，讲述了自己的困惑，也表示了她从我身上汲取到的信念的力量——对于喜欢的事情绝不轻言放弃的精神。我自己都没有想到过，那些文章里的故事、那些在朋友圈随手记录的表达，竟然可以给另一个人带来一丝丝光亮。

或许，这才是我曾经想要的“酷女孩”的样子吧。

她说："我能感觉出，你是一个超级有底气的人。"

我没有回答。

但我十分感谢她，是她的这几句话让我看清了时间的答案。

原来我曾经向往"酷女孩"，我喜欢她们并不是因为她们特立独行，有着小众的爱好、跌宕起伏的人生体验，而是因为她们经历了这一切，带着一切故事塑造的总和，成为当下鲜活的自己。

我们向往的，是那些能够痛痛快快做自己的人啊。

是那些沉浸在热爱里的人。

是那些走了很多弯路，但没有放弃回头的人。

是那些带着满身风雨，依然选择为他人撑伞的纯善之人。

从这天开始，我在真正意义上放弃做一个"酷女孩"了，因为我知道，我有更重要的使命，那就是做一个普通的快乐女孩，把生活的主动权掌握在自己的手里。

万特特

当我们特别想花钱的时候，到底在想什么？

特别想花钱的时候，

其实并不是为了得到某个东西，

而只是想通过付钱这个行为得到快乐，来获得支配感。

很多快递拆开后再也没看过第二眼。

我们买的许多东西，根本就不是必需品，

而是用以构建一种完整生活方式的实验品。

很多时候，我们买的不是物品本身，而是“更好的自己”。

——

对于当下的许多年轻人来说，有一种快乐来自消费，有一种焦虑也来自消费，一边被网络平台的各种营销模式“疯狂种草”，一边又面对着满屋囤积的物品寻求“断舍离”。

在这个物质消费极为便捷的时代，“物欲”在不知不觉中被放大，人会不自觉地陷入消费主义的旋涡，盲目地在物品和身份地位间画等号。

刘珍珍毕业后去了上海，是我们班唯一一个“沪漂”。

她还记得那个下午，天气异常闷热，老旧的电风扇“呼呼”作响，她把整张《中国地图》铺开，在心里告诉自己：走远一点，再远一点。因为她不愿意一辈子待在这个走路五分钟就会碰见熟人的小城市，做着在爸妈、亲戚眼中安稳而轻松的科员工作，和同事们话家常，等青春如茶叶一般泡在水杯里，然后被毫不在意地泼掉。

刘珍珍从南京东路一直走到外滩，看见东方明珠塔被点亮成各种颜色，周围的人群熙熙攘攘，时髦、优雅，自己如同这幅斑斓油画里的一朵叫不出名字的小花。

这些花天锦地，是故乡那样的小城市承载不来的。在各地方言的喧嚣声中，她窃喜自己做出了来上海的决定。

作为一个来自小城市的姑娘，她总有一些说不出的自卑。或许是由于出生地物质贫乏，谈不上什么时尚，她也没有刻意追求过什么。

实习第一天，她特意换上了自己认为最好看的衣服：白色翻领衬衫，棉麻黑色短裙，配一双中跟凉鞋。可来到办公室的那一刻，刘珍珍看到漂亮时髦的同事，心凉了半截。自己的白衬衫寡淡无味，棉麻短裙略显土气，凉鞋也是旧款。

刘珍珍也是从那时才知道，衣服能短到露出肚脐和腰线，头发染成红色，张扬又新潮，指甲居然可以涂成珠光细闪的样子。

原来上海的冬天脚上可以只穿一双薄薄的袜子，奢侈品的广告牌比公交车还要大，口红居然还有限量款，一只包的价格可以是六位数。

到上海一周后，刘珍珍有了新的英文名：Jenny。刘珍珍说这是入乡随俗。

——

同组的 Lily 是位都市丽人，鼻梁高挺，眼妆精致，好像永远有不重样的衣服和口红。

她告诉刘珍珍："漂亮衣服就是女生的铠甲，你只管往前走，什么都不要怕。"刘珍珍低头看了看自己穿的米奇 T 恤，浑身不自在。

刘珍珍恶补了很多关于名牌的知识，"精致女性"在她心里有了具象。走在路上，她会不自觉地看别人背什么包，穿什么牌子的衣服。就连会议上同事用的钢笔，她都会注意。

那时候，广告和营销号都在传达一种概念，就是女孩子要舍得给自己花钱，这才是对自己好，才是爱自己。

刘珍珍对此深信不疑。她把大学时期买的衣服打包，塞到柜子底下，拿出自己攒下的一万块钱，在导购的推荐下买了一条腰身剪裁精良的连衣裙，又用剩下的钱染了头发、做了指甲，还买了一支睫毛膏。

回到住处，刘珍珍化上淡妆，换上新裙子，看着镜子里的自己好像变了一个人。原来自己还可以是这个样子，而且，花钱居然是一件很爽的事。

晚上，刘珍珍偷偷查询了银行卡的余额，五位数不知不觉就跳到了四位数，她确实有些心疼。可想起同事 Lily，觉得自己变得和她挺像，好像也没有那么心疼了。

毕竟，在没有其他成就感和满足感的时候，漂亮的衣服饰品也能带来安慰。

渐渐地，刘珍珍体会到了被瞩目的感觉。为了不断“修缮铠甲”，她“解锁”了一个又一个价值不菲的品牌。她把每月工资的一大半拿来为自己购置“装备”，一小半拿来吃饭，就别提存款了。

然而奇怪的是，昂贵的衣服配饰和包并没有给刘珍珍带来持续的快乐，反而让她心慌。她心里犯起嘀咕：不是说穿着漂亮的衣服，走到哪儿都气场十足，什么都不会怕吗，怎么自己却变得这么窘迫呢？那件价格接近四位数的风衣穿在自己身上，为什么那么重，重到自己有些抬不起头？

刘珍珍开始怀疑，自己是否走错了战场。

我们都体验过“买买买”让自己快乐，心理学称之为购物疗法。下单、刚收到快递时挺快乐，但这种快感持续不了多久，这叫快乐减退。得到一件东西的快乐是短暂的，期盼、筹划购物的快乐却比较持久。

人有欲望是合理的，但是欲望不能透支你的消费能力。消费能力被透支得越彻底，越容易失去自我，生活不会变得精致，反而会过得一塌糊涂。

特别想花钱，其实并不是为了得到某个东西，而只是想通过付钱这个行为得到快乐，来获得支配感。在这种情况下就会买很多非必需品和性价比低的东西，很多快递拆开后再也没看过第二眼。

—

转眼到了年底，珍珍在一个深夜突然发微信向我借两千块钱，理由是买回家过年的机票。

“好。但是珍珍，你这样下去真的不行。”

“嗯嗯，我知道。”

刘珍珍这才开始思考，自己是否真的需要过如此奢侈的生活，用饥肠辘辘、入不敷出来换得华服盛装。

过完春节，刘珍珍回到上海的第一件事，就是将购物车里的商品一件一件删掉。

再见面时，刘珍珍跟我说，那次回家她发现她的妈妈在用的几个包，有她在学生时代用的帆布包，也有旅行社发的手提袋。对比浑身名牌的自己，刘珍珍心里五味杂陈。

刘珍珍试图跟她的妈妈沟通：“可以买贵一点的包用，更体面些。”

而她的妈妈却说：“没必要的，能装东西就好了。”

妈妈不懂名牌，但她知道人不应该被物品定义。

现在的珍珍，虽然化妆台上的化妆品少了一些，口红不再是最新的色号，衣柜里的衣服也不再更新，可是她银行卡里的余额开始每月增加。她忽然觉得底气十足，因为自己不再是一个可怜兮兮的“月光族”。虽然偶尔也会给自己买点小礼物鼓励自己，但至少她开始控制自己的物欲，她能说服自己该买什么，不该买什么。

刘珍珍获得了来上海之后从未有过的踏实感。

其实没什么值得炫耀，为自己存一笔钱，才有更实在的底气。

一个人的底气不在于钱的多少，而在于自己掌握了对自己的控制权，不是被闪亮的商品迷了眼睛，然后做个奴隶。

——

在讲珍珍的故事时，我想起过去的自己，和她一样，被消费主义绑架过。

初来都市，看到时髦女孩背着名贵的包，路过那些看了门口的菜单就不敢走进去的餐厅。这些我踮脚也未必能够到的东西，有人轻而易举就可以拥有。

我被这些物质诱惑着，我想要赚钱，想变得聪明有趣，想要身上有光，想要自己的作品畅销。我觉得做不到这些，我就不会被尊重，不会被认可，也不会被好好对待。

那时的我，把赚的钱大部分用来包装自己，一万块钱的包我省吃俭用也要买一个，咬咬牙去吃近一千块钱的晚餐，去景点时没有请导游讲解历史，而是找了一小时一千元的跟拍摄影，只为拍照修图发在朋友圈。

直到有一天我发现，我也许能拥有和别人的包同款的包，却不能拥有和别人的资源同样的资源。我们坐在一样的餐厅里，并不意味着我们有相同的消费能力。

当有一天潮水退去，那些包、饰品和美照能成为我抵御风险的铠甲吗？

不能。

女孩子的安全感和底气不完全来自于消费，如我一般出身普通的人，是要靠自己积攒起来的。

年轻人最好的“理财”方式是对未来认真规划。以能力和需求为半径，规划一个有可能实现的圆，让钱为你真正的需求服务。

后来，我把有限的闲钱用于知识付费，把发朋友圈炫耀立人设的时间用来尝试和摸索新的职业分支。我更加务实，注重攒钱和理财，只为了让自己和家人的生活水平得到改善晋级。

我们买的许多东西，根本就不是必需品，而是用以构建一种完整生活方式的实验品。很多时候，我们买的不是物品本身，而是“更好的自己”。

靠自己的能力满足自己的小小虚荣心，是一件挺有成就感的事情。钱本身是货币，要是拿来奴役自己，便是本末倒置。它可换得尊严，也能使人狼狈。

再昂贵的物件都不是自我的配件，纵然浑身上下遍布显示不菲价格的品牌标识，也未必能体现灵魂的价值。

要消费，但不要消费主义。

我们不妨重新审视自己和物品之间的关系，真正拥有对物品和人生的掌控权。

文长长

生活的规则是，
谁都不能一劳永逸

生活的规则是，谁都不能一劳永逸。

此时赢了，不必得意，

人生还长着呢，暂时的赢不能保你一世繁华；

此时输了，也没关系，人生还长，一时输不代表输一辈子。

只要永远不放弃，踏踏实实往前赶路，

那么总有一日，你会在人生这个牌桌上赢一次大满贯。

—

前两年，经常收到年轻女孩发来的感情求助私信。众多私信里，时不时夹杂类似“跟喜欢的人发消息，对方不回复我怎么办”“很喜欢一个人，每次聊天都是我主动，对方不主动找我聊天怎么办”“跟一个人暧昧了许久，对方迟迟不推进感情怎么办”的消息。

面对这些私信，我一般这么回复：“要么就别怕丢脸，勇敢、大方地主动做破冰的人；要么就沉稳点，做沉得住气、等得起结果的人。”

大多数人在感情里是豁不出去的，所以她们往往还会继续问一句：“那我要如何做一个沉得住气的人？”

答：“管他每日开心还是不开心，回复消息还是不回，管他是正面反馈还是负面反馈，我自宠辱不惊，该看书就看书，该写字时好好写字，该搞事业时也别松懈半分。”

总之一句话：过好自己原本的生活。

你来，或是不来，我都能继续过好我的人生。这种沉得住气的心境适用于感情，也适用于生活、工作。

—

我以前也是那种总急着跟生活要一个答案的人。

一旦喜欢上一个人，就马上想要一个结果。暧昧初期，守着手机等对方消息，对方发消息来了就开心，对方不发消息就一直猜他为什么不来找我。一颗心扑在对方身上，很焦急，也很不快乐。我一走心就煎熬，就像一首歌唱的："心一跳，爱就开始煎熬。"

一旦做一件事，就想很快看到结果：就像刚开始写作那会儿，给编辑们的邮箱投稿，刚发过去，就巴不得马上出结果；参加某场考试，刚交卷，就迫切地想快点拿到考试成绩；认真运动一天，巴不得第二天就见成效；去营业厅办业务也是，最讨厌排队了，一旦开始排队又不知道还要排多久，轻则焦躁不安，重则觉得自己运气真差……

那时的我，真的太急躁了。

我吃了不少急躁的亏。在那些需要等待的日子里，我每日郁郁寡欢，浪费时间与精力猜测那个如今跟我八竿子打不着的男人的心思，逢人就倾诉自己这段看不到结果的暧昧关系。好端端一个年轻女孩，硬生生把自己活成不被人爱的悲惨模样，糟糕得很。

生活里也如是，一点就炸，一激就怒。完成某件事的过程，很辛苦；等待结果的过程，过分焦灼，过分紧张；若某件事的结果不如意，很难过。原本可以很开心度过的生活，硬生生地被曾经的我过成焦虑与紧张的状态，每日都活得很累。

万事万物各有其发展的自然规律，急也没用。急躁除了让自己怒火攻心，并不会对事物发展有任何好处。

到头来发现，等不起结果，沉不住气，伤的还是自己。得吃过亏，栽过跟头，而后才能慢慢明白，人生不能这般急躁。得学会等，也要敢等。

——

如何学会等？

简单来说就一句话：豁得出去，以及有底气从头再来。

那个你喜欢但不主动的人，如果你真的很喜欢，那就勇敢豁出去去争取、去表白，做好受伤的准备。如若你没那么喜欢对方，也并不愿意主动，那便老老实实等着。有什么好着急的，最坏的结果不就是你们一辈子就只能如此这般吗？现在你们就是这种状态，你不是也生活得好好的？

心态放好点，他来找你，你开心就理一下，你不开心就晾着他。你的人生又不是只有他，每日找点能让自己开心的事做做，一样能快快乐乐的。好好干事业，过好自己的人生，大不了就不喜欢他了啊，以后换个合适的人，照样生活美好。

这种等得起的心态，在生活、工作中的应用是：在做一件事的过程中，认认真真，踏踏实实，尽自己的最大努力去做；做完后，对待结果坦然一点，不必焦灼。

得到好结果，就庆祝；结果不如意，也没关系，总结经验，分析不足，承认自己这次输了并不是丢人的事。输，不可怕，输了一次，第二次、第三次再赢回来，依旧是赢家。何必过分担忧，丢了好心态，得不偿失。

人生那么长，只要那股不服输的心劲儿不丢，只要肯继续努力，总有赢回来的机会。一年不行，那就三年、五年，甚至十年。即便最后花了十年时间才做成一件事，那也是一种厉害啊。

—

我之前在“ONE · 一个”（一种应用程序）上写专栏，在文章里写要豁达、干脆地去追求自己想要的，也要老老实实认栽，要输得起时，总有个别网友在文章下留言：“说得容易，但真的有人能做到这些吗？”

每每看到这些留言，我都特别想直接回复他：“人只能说自己认知范围内的话。因为你没有做到过这些，你身边也没人做到过这些，你的认知仅仅如此，所以你觉得这世上没人能活成那样。”

这世上，真有人能活成那般沉得住气且干脆的模样吗？

我觉得是有的。说句自恋的话：现在的我也是那种豁得出去，也沉得住气的人。

二十岁那年，我正在读大三，自己搜了一个写作网站，在注册账号界面花了三十秒想到了“文长长”这个名字，填上去，注册成功，而后就开始在上面写作。

写作了三个月，有几家出版公司找我约稿出书。我记得很清楚，当时跟家人说有人找我出书，他们还怀疑我是不是遇到骗子了，还让我别听那些人的话。

我当时的想法很简单：“我有什么好被骗的，又不是我自己花钱出书，是他们找我出书，还给我稿费。而且就算是遇到了骗子，对方也就是骗我十多万字的稿子。我又没啥名气，他们要就给他们呗。”于是，我跟出版公司签了出版合同。正是因为当时这个举动，才有了此刻的文长长。

——

两年前，我遵从父母的意愿，报考家乡的事业单位。考上了，但是我不想去。在别人开开心心选岗那天，我写了一份岗位放弃书，按上手印交上去了。在身边很多人等着我承认自己选错了、后悔了，想来给我上一课时，我又以专业第一名的成绩考上了研究生。

我还在研究生考试备考期间，签约了一本书稿。

我身边很多人都觉得我是那种在关键时刻胆子很大、敢争取，也敢豁出去的人。他们问我：“在那些时刻你怕过吗？难道就没担心过自己会搞砸吗？”

我每次都开玩笑说：“我可怂了呢，在当时我也害怕得要命。”

但我总觉得自己是做大事的人，每逢大事要平静，不能急，不能慌。要大胆去选，选定了，就拼命去争取，去坚持。即便再怂，也要咬着牙坚持下来。

每一次，我都拿我的努力、勤奋、勇敢去跟生活赌。坐上生活那张牌桌，我把紧张的心藏在深处，带着押上一切的决心，反复告诉自己：“此时玩的就是心态的游戏，气势上不能输。只要装得够像，只要假装自己手上的牌足够多、足够大、足够吸引人，对方就能被我唬住。谁先着急，谁先乱了，谁就输了。我要做的就是避免成为那个先着急、先自乱阵脚的人。”

这是我一直以来的心态哲学。

我并非生来心态就好，我只是反复提醒自己：“不能急，我要做那个拥有好心态、赢到最后的人。”

往往不着急赢的人，才能赢到最后，而我要做的就是成为那个不着急的人。就这么一直走到了现在。

——

这是一个不喜欢“鸡汤”的时代。我每次在文章里提到坚持、努力、认真的重要性，总有个别网友在下面评论：“又是一篇鸡汤满满的文章。”

我不知道，是否在他的眼中，“坚持”“努力”“沉得住气”是满含贬义的词语。

我时常觉得，在人间谋生，我们很需要坚持、努力这些品质。

人生是一个漫长的战线，并非我们年轻时努力几年，做出点成绩，就可以轻松躺平；也并非我们年轻时不顺意，栽了几个跟头，活得浑浑噩噩，这辈子就永远只能这样了。

不，不是这样的。

生活的游戏规则是，谁都不能一劳永逸。

此时赢了，不必得意，人生还长着呢，暂时的赢不能保你一世繁华；此时输了，也没关系，人生还长，只要永远不放弃，踏踏实实往前赶路，那么总有一日，你会在人生这个牌桌上赢一次大满贯。

谁知道以后会发生什么呢？怀抱希望，沉住气，等下去，努力下去，一切可期。

陶瓷兔子

别那么早活得像个中年人，不然人生多无趣

“后浪”不需要知道自己该做什么。

真正需要被提醒“你还年轻”的，永远都只是“前浪”。

每个人都会老去，

而只有拥有好奇心和耐心的人，才能享受未来。

——

你是在哪个瞬间开始觉得，自己不再年轻了呢？

我是在 28 岁的某一天，被公司的小朋友拉去参加一个聚会的时候，忽然有了这种感觉。

我记得她们聊的是某部热播剧，从剧情聊到演员，几个 1998 年出生的小姑娘又是笑，又是尖叫，不亦乐乎。

我理解不了她们的热情，却也不好意思倚老卖老地让她们迁就我，只好机械地抓起面前的瓜子强迫自己集中精力。

她们说了什么，又因为什么在尖叫，我压根儿没有印象，唯一记得的，是我在那一个小时之内吃掉了平时一年份的瓜子。

终于等到聚会结束，拉我去的小姑娘跟我同路回家。大概是看出了我兴致索然，她在等绿灯的当口问我："姐姐，你是不是不追星啊？你有喜欢的'爱豆'吗？"

我摇头，一边回微信一边顺口回答："有追星的闲工夫，还不如把精力放在自己身上，想想怎么把事情做得更好。"

"好像我妈的话哦，她也是这么说我的。"我从后视镜里看到她悄悄吐了下舌头。

—

我是在那一刻忽然发现“年轻”这两个字已经距离我很远了。

不是有人说过吗？一个人变老，就是从只关心对自己有用的东西开始的。

整个世界被简单粗暴地划分为“跟我有关”和“跟我无关”，慢慢地对那些鲜活的、遥远的东西失去了兴趣。

我的一位朋友说意识到自己老去，是在跟上大学的弟弟聊天时。

弟弟学的是考古专业，兴致勃勃地跟她分享自己参与了一个省级文物追回项目，去年找回了好几件国家二级保护文物，并叙述了找回这些文物的过程。

她很认真地听他说，却一个字也听不进去。看着他的嘴开开合合，她的脑子里只有一个念头：“这对你以后找工作有帮助吗？”然后又为自己的这个念头感到些许羞耻。

从什么时候开始，她也成为一个只会算现实账，而对附加的一切刺激、快乐和成就都视若无睹的人了呢？

好像视野在随着脑细胞萎缩，只看得到眼前的一亩三分地，并且固执地用自己的一亩三分地作为衡量一切的标准。

偏见从来不是年老的产物，但随着年龄增长，人的确会对自己

不擅长、不了解，以及不感兴趣的东西更加抗拒，不再敢像年轻时那样，坦率地暴露自己的无知，只好用傲慢来遮掩自己的脆弱。

——

一天早上，我的朋友圈里被 B 站（全称为“哔哩哔哩”，一个视频网站）的《后浪》刷了屏。演员何冰在这篇“致青年”的演讲中提到了三个词：羡慕、敬意、感激。

但我总是觉得，这段三分钟的演讲并不是真的给那些“后浪”们看的，它更像是对“前浪”们的一种提醒。

不管你愿不愿意承认，时代都在进步，那些比你年轻的人可以比你活得更加轻松、丰富和精彩。你可以鄙夷他们没房没车，只要一句“涨房租”，就能逼死他们的诗和远方；你也可以嘲笑他们不务正业，不趁着年轻好好去工作，玩什么让人看不懂的幺蛾子。

但不管你怎么看、你是否期待，这就是未来的样子。

你欣然接受或者强烈反对，跟年轻的“后浪”都没有关系。你真正该关心的是当时代的浪潮涌来时，你这朵“前浪”会不会因为故步自封而被拍死在沙滩上。

请你永远怀着对世界的好奇心，强迫自己从柴米油盐酱醋茶、奖金股票 PPT 里分出一只眼睛，去看看这个似乎跟自己无关的世界。

对世界的好奇和宽容与他人无关，它可能是我们攀住年轻尾巴的最后一个抓手。

—

另一个年轻的标志，是对自己保有耐心。

这种耐心是可以慢下来去做一件事，打磨很多复杂而又枯燥的细节，而不是追求进度条的变化。

我有时候觉得，自己这几年变得越来越着急了。年后在家闲得无聊，买了一只手鼓，从网上找了一首曲子的完整教程，用了一天的时间掌握了节奏，顿时成就感爆棚，如同在游戏里点了对手的水晶。

前几天小侄女来我家暂住，看到手鼓爱不释手，每天上完网课后的第一件事就是练习打鼓，很耐心地从最简单的两拍开始练，孜孜不倦地练习了好几个小时。

她用了三个礼拜的时间，才学会了我第一天就学会的那首歌。可我只是会了那首歌，她却是真的懂了鼓。

我看着她对着视频练了一遍又一遍的时候，常常会对自己的急功近利感到惭愧。

我已经无法像她那样耐心地去做一件事了。相比她能从过程本身获得快乐，我的成就感源泉已经变成了去终点打卡，只要看不到进度条有明显的推进，我就会立刻滋生对自己的怀疑和焦虑。

我也见过很多像我一样没有耐心的同龄人。

转弯时前车慢一秒就不停地鸣笛，交谈时总喜欢打断对方，看书永远停在前二十页，以及对一切需要恒久付出的东西嗤之以鼻。

从某种意义上讲，耐心不是我们对待世界的态度，而是我们对待自己的态度。

相信自己有时间，相信自己能从细节里获取快乐，相信慢慢来也不会比别人差。每个人都会老去，但拥有好奇心和耐心的人，才能享受未来。

韦　娜

那些“恐婚”“恐育”的女孩子，后来怎么样了

人不要局限地只看男女之间的爱，爱的范围很广泛，

还有朋友间的友爱、帮助陌生人的博爱、对世界的热爱，等等。

把爱看得辽阔，人的世界就会宽广，

就不会只盯着结果来衡量人生的得失，

例如有没有结婚、有没有生孩子。

一个“恐婚”“恐育”的读者，优秀且很特别。她发给我一个在平台上讨论热度颇高的话题——“结婚后，两个人之间的爱情不再重要，日常琐碎的生活会磨平一切，包括生活的情趣，人会日益麻木。”

我看到这个话题下的讨论有很多，悲观的言论居多，乐观的很少。

她问我作为已婚已育的女性，怎样看待这个现象。

我想来想去，每个人的生活皆不相同，经历的爱也不相同，很难用同一个标准、答案来概括。生命的可贵在于它的丰富性，人最大的成长，在于尊重自然、人性、生活的丰富性。但不管外在的世界如何变幻，爱一直在，我们需要它。有时看不到爱，是因为它在各个阶段有不同的表现方式。

岁月之所以特别珍贵，在于它除了给我们独特的经历，还给予了我们智慧。往前走一步，如果心智还停留在昨日，一定会痛苦的，因为承受不住当下的阻力与考验。许多成长是内在的，隐藏在灵魂深处。爱一定是人与人之间最珍贵的纽带，许多成就和体验其实都源自于爱。在我心中，爱是一种流动的能量。

无论处于哪个生命阶段，没有爱的滋养，人很快就枯萎了。而且不要局限地只看男女之间的爱，爱的范围很广泛，还有朋友之间的友爱、帮助陌生人的博爱、对世界的热爱，等等。

把爱看得辽阔，人的世界就会宽广，就不会只盯着一个结果来衡量人生的得失，例如有没有结婚、有没有生孩子。

我也曾深深地“恐婚”“恐育”。三十岁时，每天去各地出差，根本没有时间和机会认识男生。在机场看到带着年幼孩子的年轻母亲疲惫且眼神涣散，我的内心便会生出一种无力感。

记得有一次搭乘飞机，我看到隔壁座位上的妈妈抱着熟睡的孩子一直在流泪。我递给她纸巾，她哭得更厉害了，那流泪的模样吓到了我。

我便发誓，以及要求自己，宁愿一生未婚，也不要如此狼狈。但在命运洪流的推波助澜下，我还是成了妈妈。成为妈妈后，我曾崩溃过无数次，但我从未后悔过。很感谢生活给予了我拥有孩子这种生命体验，正是他的存在，开启了我三岁前的记忆，让我的生命变得更为完整——我才明白，三岁前我的父母是这么辛苦，而三岁前的我也是这么可爱。

如果没有他，我注定有一段记忆是空白的。

——

我的先生从事飞行工作，经常出差，我也因为要讲课，以及做线下分享，也要出差。

两个人都在家的机会相对较少，见面的机会也少。在最忙碌的时候，我们曾两个月无法见面，只能用视频和短信联络。朋友们经常问我：有危机感吗？怎样给感情“上保险”？两个人不见面，会不会有不安感？

每次听到这样的问题，我都会问自己会不会有不安感。可能一直都有，但我没有关注。因为不管是恋爱时，还是结婚后，我一直把更多的注意力放在了自我成长上。不安感在我内心一直存在，从未因为自己得到什么东西而稍有减轻。我习惯这种不安感，它陪伴着我，没有什么不好，反而让我一直精益求精。

我一直坚信，没有什么是确定的，事物或情感一旦绝对化，就意味着有了一种脆弱性，很容易破碎。

一旦结婚，人会开始以家庭为单位去做决定，去做选择。负重前行的路上，我们开始有了责任。责任意味着不仅要学会付出，还要学会保护身边的人，并且心甘情愿地付出自己的时间和精力，所以，责任感会一直跟自我打架。

但我也一直认为，结婚后的男男女女只有先安排妥当自己的工作和生活，让自己满足、过得愉悦，才能更自在、从容地与对方相处。人其实一直活在巨大的矛盾之中。

任何情侣或夫妻的相处皆不相同。所以，我并不赞同遇见矛盾就去找他人解决，或看一些关于亲密关系的书来寻找答案。

真正对自己有帮助的方式，其实在每个人的心里。重要的是能不能在内心真正地化解情绪，支配行动。

——

我和先生最初相识、恋爱的时候分隔两地，习惯了在各自的空间努力，等到忙碌完工作，夜幕降临，开始视频交流，然后互道晚安。

当然，这不是程序化的一件事，而是一种习惯和对彼此的依赖。由此，我很喜欢黄昏，因为它意味着一天的结束，意味着不管经历了怎样的事情，我都可以和先生交流一下，烦恼顿时烟消云散。

我很感性，他很理性。

我的情绪很容易起伏，我会把情绪闷在心里，不与他人倾诉，但我会及时转述给他，期待他的判断。他情绪稳定，像海边的灯塔，耸立在风雨中，也不会觉得痛或委屈。所以，先生能从客观的角度帮我分析所有的事情，帮我化危为安。

先生喜欢听我讲故事，我会把看过的书或电影，以及我对一些人或事物的看法讲给他听。他也是我的新书的第一个读者。他每次都给我提许多建议，有时会刺痛我，有时也会安慰我，我都坦然接受。写作的人需要被提醒，哪怕是被刺痛醒，也不要一直沉迷在自己的小世界里。

在进步的过程中，需要痛并清醒，也需要安慰和鼓励。

感情交流是有通道的，但通道是迂回的——有时是通过交谈，有时是通过争吵，有时是通过个人的情绪表达。

和他人关系里的矛盾让你感到不安、痛苦，多半是因为表达方式出了问题。本来应该通过交流来解决问题，却选择了愤怒和争吵，这样表达更简单、直接、自我，但这种表达结束后，又难免后悔，因为你会发现矛盾的根源还在，还是要放下姿态去好好交流，才能彻底解决。

我来到上海后，很多朋友赞叹："你好有勇气，居然为了爱情放弃了北京的一切，我是做不到。"我会纠正道："准确地说，我是顺应自己的情感，为了更美好的未来，而选择来到了所爱的人身边。"

当时的我们，并没有确定未来的人生伴侣一定是对方，真的。

我是在结婚当天才确定了，他是那个可以陪伴我走一辈子的人，因为婚礼的每个细节他都尊重我的感受。我穿着白色的婚纱，他要背着我走很远的路，我压得他喘不过气来。路上他可以放下我，但一旁有人说了一句："你不能放下她，要背着她上楼，你们才可以相伴一辈子。"

本是一句玩笑话，我先生却较真了，真的把我背到了楼上。在他放下我的那一刻，大家都为他鼓掌。他也开心地说："这样就可以在一起一辈子了。"

人和人之间感情的培养，需要这样温暖的一瞬间、一瞬间的积累。

这样的积累被我们给予了一个好听的名字，叫情感保鲜，或维持爱情的方式。

—

经常看到很多朋友在情感破碎后罗列自己的付出，有的朋友还会拿出笔记本，一笔笔地计算。

一个下午，一个朋友给我讲她与她养的一条狗的故事。她有一个本子，上面记录的都是她为这条狗的花费——有给它买食物的钱，有带它旅行的钱，有给它治病的钱……她说，它当时生病，整个上海只有一个医生能治疗，要五万块钱，她毫不犹豫地带它去找那个医生做了手术，缓解了它的疼痛。

她拿着本子说："这就是我对它的爱啊。"她期待我认同她。

我点点头说："这一定是爱，有它陪伴你的时间，也有你为它付出的金钱与呵护。但等你忘记了这个本子上的内容，才是对它真正的爱，毫无保留，粉碎了自我的最后一丝计较。”

毕竟情感是这个世界上最宝贵的东西，无法计算。生而为人，最重要的就是感情，是人与自我的连接、人和人的互动。

感情的付出是算不清楚的，它包括时间、精力、爱与感动，包括路过的风景、一切尝试与结果，也包括最初的爱与最后的恨。

难以概括与总结。

我们通常是因为对自己和对方的了解不够深入，再加上付出不足，才会把一些判断强加在对方身上，让他来承担。

打破自我的狭隘思维，从整体上去关注和处理时，则事事都会改变性质、面貌。

我依然坚信，应该带着好的期待，带着对自我的探索、对两性关系的探索，往前走，把对方想象成另一个需要爱与被爱的自己。

总会有好的遇见、路过，也会有好的感知、经历。

但愿我们都能遇见懂得爱自己，以及爱世界的人，更愿我们成为那个人。

闫晓雨

—

不要顶着漂亮的脸蛋，为不值得的人流泪

—

我希望我永远都是“我”，

而不只是某人的女儿、某人的妻子。

有时，甚至因为太想做“我”了，

而显得和周遭格格不入。

独立女性的意义从来不是孤身一人前行，

而是用智慧、力量和爱，与这个世界做独特的能量联结。

二

我在和前任分手后很长时间，都没走出来。

不是因为爱得死去活来，也不是因为觉得错过这个人会抱憾终生，而是因为在失恋这件事上，我没给自己任何缓冲期。

那一年我事业正盛。

我几乎全心扑在工作上，想要用经济独立和一颗事业心证明自己是不需要依靠任何人的独立女性。现在听起来挺好笑的，但当时我真的这么想……可能因为看了太多“毒鸡汤”，觉得为一段感情失魂落魄，不是新时代女性的做派。

我们分手在跨年夜。

第二天，新年伊始，我便张罗着和朋友们出去吃火锅、喝酒、聊天。

全然没有一点失恋少女的样子。

整个人生龙活虎的，依旧开怀大笑，和大家开着玩笑，畅谈工作。席间，好友们试探地问：“你们就这么分手了？你要是实在难受，别憋着，你可以哭出来的。”

我摇摇头：“真没事。”

转身又去调制了一碗麻酱小料，还往里加了个香草味冰激凌球。

众人目瞪口呆：“这是什么吃法？”

我解释道："这样会有冰沙口感，刚好消解火锅的辛辣。"

因为感到羞耻而没有说出去的后半句是："其实就像失恋，面对这颗破碎的心，既然做不到护它周全，索性就痛个淋漓尽致吧。"

尽管我佯装若无其事，夜里回去却好一番上吐下泻。

之后的半年，我都没有和别人讲过自己是怎么度过那段时间的。

照常工作，照常和朋友们吃喝玩乐。遇到帅哥，会没心没肺地说："这个男孩子也太可爱了吧！"但仅限于此。

在内心里我把自己困在了一个小黑屋里。

那个小黑屋里的女孩终日自我否定，活在自卑、压抑和焦灼之中。

分手的理由其实难以言喻，这段感情带给我的影响远比想象中大。我整夜失眠，想不通究竟自己是哪里不好，以至于对方会这么肆意伤害我。他用一种极其残忍的、毁灭的方式浇灭了我对爱的一腔赤诚，让我很长时间都怀疑爱情存在的意义。

他不告而别，而我欲盖弥彰。

我不允许自己露怯，更不允许自己在失去一个人以后，再失去尊严和体面。

甚至比起独自痛楚，我更害怕被别人说成"恋爱脑"："你瞧，这个女孩，不就是失恋吗，为什么要把自己搞得乱七八糟？”

——

直到这件事过去了大半年，我在一个姐姐家里提到此事。

对方给了我一个很温柔的拥抱，讲起她年轻时候的故事，同样被辜负过，同样产生过怀疑自我的想法，但她说：“你知道吗？有时候我们的痛未必来源于爱，更多是出于不甘心和‘凭什么是我’的愤慨。”

她问：“如果他现在回来找你，你会和他复合吗？”

我说：“当然不会。”

她接着问：“那你觉得比起失去这个人，到底是什么更让你过不去？”

我想了很久，或许真正让我“过不去”的不是失去这个人，也不是那段面目模糊的时光，而是这段恋爱的结束方式。它超出了我对情感的理解，打破了我以往对爱情的美好幻想，我第一次意识到，原来爱的另一面隐匿着暴烈的阴谋，并不是每个人都会拿出真诚和善意对待身边人。

这些震惊、怀疑、对爱的迷茫等在亲密关系破裂后沉淀出的负面因子，原本会随着时间流逝而被稀释。

但因为我没能经历一个完整的"失恋治愈期"，这件事就像一根刺一样一直扎在指缝中，我平素忙起来无暇顾及，一旦得空，那种瘙痒和痛楚便加倍席卷而来。

姐姐说:"你现在要做的，就是把这根刺彻底拔出来。"

她建议我不要再躲避，不开心的时候可以哭出来，可以找朋友聊天，不要再把分手当禁忌，大大方方地把伤口暴露出来，才能更好更快地痊愈。

"你也别怕被说成是'恋爱脑'。'恋爱脑'这个词在百度百科里的解释是，这是一种爱情至上的思维模式，指代那些一恋爱就把全部精力和心思放在爱情和恋人身上的人。可真心喜欢一个人时，全情投入有什么不对？"

"恋爱脑"，可以让你拥有一段极致美好的恋爱体验。

糟糕的是，故事结束了，有人仍沉浸其中，有人却早已大步流星地离开。

我终于明白自己为什么会对这段感情讳莫如深、不愿启齿了。

在某种程度上，我不想被别人认为自己"看错了人"。人总是会下意识捍卫自己的选择，但一味地要证明"我没有爱错人"，才是关于爱情最大的笑话。

现在的我释然很多，哪个人在年轻的时候没有爱过几个浑蛋呢？

——

我用了好几年才明白这些道理。

长大不是指会逞强，而是指你内心的价值体系成熟且固若金汤。

不要害怕受伤，因为生活中的苦难从来不会因你躲避而消失。

你知道自己要的是什么，你知道自己承担得起，你非常清楚自己的幸福燃点在什么地方。你不再害怕爱错人、没选择好工作、走上一条崎岖小路，因为你在做出决定时，就已然预料到了最坏的结果。

权当世间一切都是体验，抱着这样的觉悟，你的旅途皆是坦途。

作家王朔曾道，能流泪的时候尽量流泪，大家都有眼泪流干的那一天。

成长到一定年岁，我深觉比起“看起来过得不错”，我更想要的是自己活得开心、活得爽，哪怕在生活这个游乐场里，有过一些狼狈模样，也是值得的。

——

去爱，去犯糊涂，去犯傻，去奋力追逐自己想要的一切。

不要再被虚无缥缈的“大女主”剧本所绑架了。

我们不需要活成人间清醒，我们只需要心境清明。

开心的秘诀是：把“在意”留给喜欢的人和事，其他的，爱咋咋地。

在年轻的时候，无论是失恋、“裸辞”，还是做一些常人不理解的事情，都没关系。因为你要知道，对一个女孩来说，最宝贵的财富不是青春的皮囊，而是历经山河仍旧澄澈的灵魂。

好好生活，路过人间。

无论是爱情还是工作，没有任何一种生命体验是徒劳的，它总会在某个节点带给你对世界新的理解，帮助你打开一扇大门。

毕业以后，我长住北京，在深夜的鼓楼见过微醺的年轻人们站在路边唱摇滚。有人在天桥上读聂鲁达的情诗，有人在街边抱头痛哭，更多的人在地铁上面无表情地玩着手机——这些陌生人的故事组成了这个奇异瑰丽的城市，生活在这里的人有着自己独特的生命力。

尤其是女孩子——我在北京认识的姑娘都有着活色生香的一面。

或雷厉风行，或古灵精怪。

或任性乖张，或理智凛冽。

总之，她们都有着自己独特的价值体系，有强烈的情感色彩反差。她们并不完美，也可能有“不清醒”的糊涂的那一面，却反而令人着迷。

——

这两年，我们在电视上看了太多所谓的“独立女性”题材的电视剧，也在无数个深夜刷到过口口声声让女孩们搞钱、封心锁爱的视频。

但我想在这里说，不要被一些偏激的观点所影响，做你自己，享受当下。

独立女性的意义从来不是孤身一人前行，而是用智慧、力量和爱，与这世界做独特的能量联结。

有时候，我们不需要活得那么清醒，那么模板化。

不是22岁毕业，就非得去找一份工作，你可以选择间隔年。

不是25岁工作了几年，就非要有六位数存款，每个人的节奏不同。

不是二十七八岁，同龄人结婚生子了，你就必须去相亲以解决“人生大事”。

人生没有大小事之分，每件小事的力量都不容小觑。我们能做的是在自己的时区里，追逐荒原上的太阳，收纳夜晚的星星，完成属于我们自己的青春拼图。

当然，这一切的前提是，你可以处理好自己的生活，而不是打着体验生活的名义去给身边人添乱。

——

我经常收到一些女孩发来的私信，例如“爱情和事业到底哪个更重要？”“毕业后，我该选择回到家乡还是去‘北上广’闯一闯？”“我现在一心只想搞钱，不想恋爱可以吗？”……在这些文字里，勾勒出女孩们的故事。

其实这些问题，从来没有标准答案。

倒也不必为此困扰。因为它们不是一个人的课题，而是一代人的共同课题。

焦虑并不需要被消除，而是要通过这些问题，弄清楚你自己想要的是什么。

工作和爱情哪个给你的安全感和幸福指数更高，你就重点经营哪个。我以为，工作可控，能靠努力来获得相应的回报，爱情可未必。

小城市的一间房和大城市的一张床是老生常谈的话题了。在不同阶段，我们的人生理想也会发生变化，选择当下你更想要的就可以。

搞钱和恋爱就更不冲突了，完全不是厚此薄彼的关系，它们是两条平行线。你可以尽情在飞驰往前的风景里，左手深海，右手飞鸟，激发不同的灵感火花。

凡事不用弄那么清楚。

你要做的，就是在你自己的价值观认同的氛围里好好生活。

我的一个好朋友在某天深夜和我聊天时说：“我们都是独立的。我们都可以表达自己，但是不能凌驾于他人的人生之上。

“我虽然糊里糊涂地生活着，但也是自在的。如果被强行指导，被强行关在自己的价值观难以认同的氛围里，我觉得我迟早得抑郁。”

对这些话我深以为然。

我希望我永远都是“我”，而不只是某人的女儿、某人的妻子。

有时，甚至因为太想做“我”了，而显得和周遭格格不入。

但为了成为真实的“我”、完整的“我”，而不是芸芸众生里的一段剪影，我愿意付出格格不入的代价，稀里糊涂地折腾下去。

韦 娜

你值得拥有
一个很瘦的夏天

在变瘦这件事上，有千万条路可走可选；

而变肥胖，只需要一条路就可以到达。

所以，让自己甩掉卡路里，

绝不一边规划一边吃、一边坚持一边泄气。

可以控制身体，控制欲望，好像真的拥有了一种能力，

能掌控自己所拥有的一切，

可以在得到和失去、

拥有和丢弃、喜欢和厌恶之间做选择。

—

夏日最热的一个下午，运动结束后，我突然看到好朋友发来的消息：“人到中年，是不是应该跟肥胖和解了，舒服最重要？”

我连忙摇头。肥胖一直困扰着我，从我的少女时代到此时此刻。我和它的关系也一直在改变，最初我对肥胖习以为常，后来我开始排斥它，现在我把身上的肥肉当作需要善待的老友。这一路走来，我在成长，我与肥胖的关系也在飞速改变。

环肥燕瘦各有不同的美，代表的其实是不同的生活态度。而我更期待自己瘦一些，瘦，意味着更为自律、努力以及对自己有更高的要求。胖的时候，我会情绪低落、自责；瘦的时候，我才能心安、愉悦。当然，不管胖还是瘦，找到令自己舒服的状态最重要。

—

我很小的时候，大人们总夸我结实、能吃能睡。我以为这是一种赞美，并一直以此为荣。

我读高中时，一路胖出天际，体重高达一百三十斤。而我又特别傻，总喜欢一个人坐在教室外的阳台上唱歌。那个场景留在了我的高中同学的心中，多年过去，他们给我的留言还是会写到那个黑黑胖胖的女孩……

一天，我得了急性肠炎，去医院看病。漂亮的女医生温柔地对我说：“女孩不要太胖，特别喜欢吃的东西你也不能贪吃，你要学会控制自己的食欲。”

她那么温和且好看，听完她这段无比正确的话，我哭了，因为作为一个脆弱且自卑的高中女生，我发现自己是一个连食欲都无法控制的人。望着镜子里又胖又黑的身影，我明白自己的确太胖了。我胖的原因，应该是太听话了。每次回到家中，只要妈妈做好饭，让我多吃点，我就难以拒绝她的要求；每次去聚餐，怕食物被浪费，我一定要吃光，才觉得对得起农民伯伯。

美女医生温柔的建议并没有压制住我对美食的欲望，我就这样一路胖到了大一。

我在成都读的大学，学的是绘画艺术，班里只有六个男孩，女同学特别多，有四十多个。看着瘦、白且美的女同学们，我虽然是学习委员，也只愿坐在角落里；为班级搬书的时候大汗淋漓，也不敢找人帮忙……

直到十九岁那年，我暗恋一个男孩，在某个黄昏，我鼓足勇气表白后被他明确拒绝，我才了解肥胖在某些人眼中是“原罪”。

于是，我下定决心减肥。我开始控制饮食，控制欲望，控制自己不去想不应该得到的东西。

大二那年的暑假，我没有回家，而是在学校里翻看了许多资料，决定学习游泳来瘦身。白天不敢去练，只敢趁着夜色去游泳，喝了许多水，流了许多眼泪，从最初只敢在泳池的边缘站着，羡慕地看着别人游来游去，到后来游刃有余，像条鱼一样在泳池里穿梭，谁也不知道我经历了多少困难。

不管怎样，游了两个月，我居然真的瘦了接近二十斤，我内心窃喜。过完暑假开学后，同学们纷纷来找我要减肥秘籍……

瘦下来后，就会想办法不再胖起来。胖有负重感，意味着一种放纵与妥协。

那一年过去了，我时常怀念它，只因那是我最瘦的一年。往后的岁月，就是体重反弹和瘦身的反复较量。我稍微对自己狠一些，就瘦一些；我稍微松懈，就会立刻胖起来。

—

大学毕业后的几年，我给自己定了一个标准体重：一百零六斤。一旦体重超过这个数字，我就会利用各种方式“虐待”自己，各种锻炼、轻断食、辟谷，我都一一尝试过。瘦到那个数字后，我才能心安理得地吃一些甜食来犒劳自己。

后来工作繁重，经常出差、讲课，我又暴肥了。就在那个时期，我遇见了一个特别喜欢的男孩（现在是我的老公）。

我来到上海工作、结婚、生活，他总喜欢在我下班后带着我和朋友们聚餐。我怀孕后，体重一发不可收拾，飙到了从未达到过的数字，简直令我绝望！

我不用对外界宣告我怀孕的消息，大家只看到我的外形就异口同声地来恭喜我了。成为妈妈后，有欢喜，也有忧愁。

最大的忧愁，就是身材日益臃肿吧。它总带着一种蔑视的眼神看着我，那种阴影在我的心头挥之不去。

胖，严重损毁了我的工作和生活状态。

例如，之前我一直是出镜的主播和主持人，后来没了勇气去直播、讲课，做线下活动也是找到最好的朋友，让他帮我把照片一修再修，而我依然不满意；例如，我原来的许多衣服穿不上了，我没有信心去商场，不想见从前的朋友，几乎没了友情；例如，当时我不愿乘坐地铁，只因总有好心人以为我是孕妇，给我让座……

我在忽胖忽瘦中突然明白，肥肉也是身体的一部分，要尊重它，把它当作一个朋友，用我觉得舒服的方式跟它交流，这样才可以一点点赶走它。

可我明白了许多道理，看了许多书，也下载了许多瘦身 App，跳绳的绳子买了许多根，跑步衣也有好几套，却发现越运动心里越慌乱，而体重毫无变化。

——

在一次直播中，我和练习瑜伽二十多年的木木老师连麦。

二十多岁时，她体重一百四十多斤，由于生病，只好辞职在家静养。她养花养草，无意间，接触到了瑜伽，并爱上了这项练习呼吸的运动，一直坚持到现在。十八年了，体重一直保持理想的状态，身姿很美，精神清透。我在与她直播连麦的过程中，多次感受到她身上的宁静和她丰富的想象力。

瑜伽和冥想的好处是可以让自己的身体静下来。静下来，才会有能量涌动，去指挥和支配身体。让身体保持舒服、展开的状态，让自己看起来更有朝气、更自然，让自我处于愉悦、积极的情绪中，这些比身体是胖还是瘦更重要。

毕竟，胖或瘦只是一个结果，它要服务于我们的身体和精神，而不是让它们垮掉。

我不再从外面敲打自己，而是开始学着冥想、打坐、吃素食、练瑜伽，提醒自己注意身姿。每天早晨都会在镜子面前对自己说："这是多么愉快的一天，心情要好，体重要少。"

祈祷祈祷，期待期待。

—

我终于明白了，自己对瘦渴求，其实是想完全完整地控制自己，想让别人对自己满意。看过《断舍离》，就更能理解这种渴望。

瘦下来很美，但一定要选对方式。有人参加训练营减肥，有人通过远行减肥，有人抱团锻炼，有人带领大家跳操……各种方法，令人眼花缭乱；各种故事，极尽嬉笑怒骂。最终有人失意，有人得意，有人不管怎样挣扎，依旧困在肥胖中，也有人想要增肥却一直失败。

人这一生都在做职场管理、精神管理、时间管理、生活日常管理、身材管理……任何一样管理失败，都会引起内心波动，从而产生焦虑。

在变瘦这件事上，有千万条路可走可选，而变肥胖，只需要一条路就可以到达。所以，让自己甩掉卡路里，绝不一边规划一边吃、一边坚持一边泄气。给自己制定理想体重的阶段性目标，一步步实现，一个个达到，把时间线拉长。啊！我终于找到了自己减肥的节奏，我的身体变得轻盈，我喜欢这种感觉。我可以控制身体，控制欲望，好像真的拥有了一种能力，能掌控自己所拥有的一切，可以在得到和失去、拥有和丢弃、喜欢和厌恶之间做选择。

愿我们永远保持好的姿态，不管胖瘦，都要记得：好好爱自己的身体最重要，找到让自己舒服的节奏最可贵。

韦　娜

一扇不愿为你开的门，一直敲是不礼貌的

年轻的时候，

除了顺从命运的安排，除了丰富自己的经历，

还要蓄养自己的能力。

成长中最遗憾的事情是，

有些人、有些事，终究是回不去了。

你只能祝福自己，

祝福身边的人比从前快乐，也比从前安心。

—

28 岁的安安，毕业六年，在上海待了六年的时间。

男友回老家过年了，便不再回安安的短信。安安有些伤感，但也不想探究真相。五年相处，分分合合，她已经对这段感情失望了。有过喜欢，还残留着依赖，彻底分开有些残忍，藕断丝连也有些痛苦。男友比她大了七岁，他们漫不经心，随遇而安，并没有规划未来，又或者是，安安对结婚这件事一直怀有恐惧感。

除夕的夜晚，外面热闹到离谱。

安安的房间里无比安静，她还在工作，一个人靠在沙发上，面前是电脑，手里拿着手机。自从她踏上电商这条路，手机就成为她身体的一部分，难以分离，是她通向世界的窗口。

工作到特别累的时候，她开始看电影《刺猬的优雅》。她突然很羡慕那个其貌不扬的女主角——一个 54 岁的寡妇独自住在最底层的小屋子里，衣服破旧，没有朋友，她一个人在自己的房间里读中世纪哲学，读弗洛伊德，在自己的世界里读各种各样的书。她是那么贫穷、孤独，但她又是那么自由且内心富有。

电影是理想化的，她遇见了一个精神世界与自己相似的优雅绅士。“但并不是每个人都这么幸运，大多数人还是要孤独地走过漫长的一生。”安安想。

世界那么热闹，但种种繁华都与她无关。她能掌控的事情、能做的决定特别少，她没有办法约束男朋友，甚至无法控制自己。她只能努力工作，至少工作不会辜负自己。工作特别直接，只要你付出，总会有收获，比感情靠谱。对感情即使你付出了，也可能是无用功。

—

她一个人待到大年初二，听说我已回到上海，赶紧约我见面。择日不如撞日，她立刻起身，打车来我家看我。晚上八点，我见到她。

我们走向空旷的街头。整座城市在春节这个特别重要的时期如同一座空城，外地人都回家乡过年了。安安说：“假如我们都没有走出家乡小镇，我们现在过着什么样的生活？”

问完，她看向天空，星星寥寥无几。假如我们没有走出家乡，能看到的星星肯定比这些多，而且明亮，仿佛伸手就可摘到。

我说：“但也有一种可能，一切都很美好，我们却日夜忙碌，没有时间抬头看星星。所以，各有得失，没有圆满。”

安安说，这个春节，她有些想家了。要知道，她已经独自过了很多个春节，以至于她讨厌春节放假。

安安的家，和别人的家有些不同。读高中时，父母便离婚了。安安无力阻止，也没有阻止，反而觉得离婚是他们做出的更好的选择。她更加努力地学习，带着少女沉重的心事，拼尽全力，考上了武汉的一所好大学。她没有学费，就申请了助学贷款，打算毕业后慢慢还。没有生活费，她就努力赚钱，帮人写稿，做家教，做各种兼职……安安从未伸手向父母亲要过钱，也从未觉得辛苦。

她很贫穷，但也很乐观。

唯一让安安觉得辛苦的事情，是母亲开始向她伸手要钱。母亲已再嫁，继父比父亲年轻，但同样贫穷。当初母亲嫁给父亲，是因为父亲承诺每天让她吃上鸡腿，婚后她却发现，连一日三餐父亲都懒得去张罗。她只好离婚，想去外面的世界看一看。后来她再婚，发现外面的世界一样黑暗。当一个女人无力改变自己时，不管怎样挣扎，结果总是凄惨的。

从对父母无比依赖，到失望、绝望，再到平静地相处，再到愿意付出自己的时间与精力，去帮助他们逃离残酷的生活，谁也不知道那个叫安安的女孩走了多少步。但她最终跨越了这些，代价是她过早地成熟了，用她的坚强、收敛，以及清醒，悄悄地打量着这个世界，计划着自己的人生。

毕业后，安安把所有的行李装进了一个小皮箱里，前往上海。据说，在那里可以快速实现梦想。

——

在上海的第一份工作，她非常喜欢，也很投入。她每天像一只早起的鸟，勤劳地活跃在自己的世界里。

我刚到公司时，与她一起泡温泉，朋友与她探讨公司的业务，说了一些悲观的言论，她立刻流泪，为公司争辩道："我们这个公司是与众不同的，是最好的，我们的老板也是最好的。"

她之所以那么执着，那么热爱，是因为公司是唯一让她觉得心安的地方，老板是唯一让她觉得温暖的男人。她曾想过：假如他是自己的父亲，她还会为生活奔波辛劳吗？她不敢想答案。即使有了明确的答案，又能怎样，她还是要一个人去面对略显苦涩的生活。

自从来到上海，她回老家的次数好像仅有一次。那是父亲生病，她请假一周，去看望和陪伴他。

一天夜里，父亲突然告诉她，自己想去打鱼，想自力更生，不想再荒废后面的人生，他要像她一样努力，争取给她在上海买大房子。

她听后流下眼泪，开心坏了，以为父亲终于开窍了。虽然在上海买房子是一个不太可能实现的梦想，她还是决定慷慨解囊，先满足父亲的梦想，也就是给他买一条船。

买完船，她要回上海了，特意叮嘱父亲："不要那么辛苦，至少还有我。"

父亲诚恳地回答:“不仅仅有你，至少我打算每个月不再要你的钱。”

离家时，安安几次回头看父亲，感觉他的形象越来越伟岸，甚至闪着光。带着这种好感回到上海，大约过了两个星期，她才知道那不过是错觉。父亲与懒惰根本无法说再见，自从买了船，他只去海边看了它一眼，就再也没走出家门。

那条船被人悄悄地偷走了，他却浑然不知，还在家呼呼大睡。后来知道船被偷走，他宽慰自己——毕竟我六十岁了，创业是一件艰难的事情。

他实在没有勇气将事实告诉女儿，还是多嘴的母亲心直口快地将真相告诉了安安，又说:“你那个爸爸，你还指望他改变?他要是能改变，我会离婚?”

母亲不像父亲，父亲偶尔还会感到有不安灼烧着他，母亲却直截了当，月月期待安安打来的钱。她就像一个员工期待涨薪一样，期待着女儿给自己的钱也逐月增长。

如果没有增长，她就会编造一些故事讲给女儿听，以骗取女儿的同情心，赢得更多的生活费。

—

安安理解母亲，毕竟母亲再嫁后又生了一个女儿，如今还不到三岁，母亲想要一栋房子，母亲想要活得体面，但她没有能力改变生活。安安每个月给她的钱，让她在农村的日子略显富足。但这也得罪了继父。因为母亲喜欢跟继父吵架，脱口而出的是：“你这个浑蛋，还不如我的女儿。我现在的生活是女儿给我的，不是你。”

真话难听。继父只好给安安打电话，半是威胁，半是哀求道：“你不要给你妈妈打钱了。有钱的她太骄傲了，我管不了，她还得再离婚，到时跟你过吗？”

安安挂了电话，看向时间，是晚上十一点。她走出公司，走向地铁站。路上，她因低血糖晕倒在地。清醒后她打电话给男友，打了几次，都被挂断。她打了一辆车回到家中，却发现，糟糕，忘记带钥匙了。

于是，她拿起手机给男友发微信：“早点回家。我在外面等你，我忘记带钥匙了。”

男友回她：“要给你点惩罚，你才能长记性。”

她坐在楼下的24小时便利店里等男友，等啊等，她趴在便利店里睡着了。

男友终于出现了。她终于可以回家了，但内心的某种期待已在不知不觉间破碎。

二

安安曾向往嫁给男友。2020年春节前，她曾勇敢地跟他回家过年。男友的妈妈看到她勤快、漂亮、可爱，很是喜爱，催促他们定亲：“我好羡慕同事们，同样是退休，她们都有孙子可抱了！”

男友和安安陷入了沉默。男友的妈妈又热情地邀请安安的父亲前来一起过年。安安问了父亲的意见，父亲欣喜若狂：啊，终于熬出头了，我的女儿。

父亲本没有自信去过年，但男友的妈妈过于热情，一直招呼他：“大哥，来，过年就是要热热闹闹。”这股热情给了他无限勇气，他无法拒绝。带着期待，带着欢喜，他前往一个陌生的城市过年。有那么一刻，他觉得自己终于可以抬起头来看身旁的人们。他几乎是挺直背，走出了他之前从未离开过的村落。

本以为这是一个大团圆的故事：励志又美丽的女孩，一腔孤勇，闯进大都市，最终凭借自己的努力，嫁给了“富二代”，过上了衣食无忧的生活。

但这个世界上没有童话，谁都要在现实面前醒来，一遍遍醒来。纵使不愿意，你依然要面对。

那年疫情正凶猛，安安家恰好是疫情最严重的城市。安安的父亲虽然提前来到了安安男友的家中，但这家人也因此被重点隔离。

那个春节过得格外久，足足有一个月，一家人足不出户。等到可以远行的那一天，安安和男友回上海工作了。

男友的母亲热情地招呼安安的父亲：“别走了啊，再住一段时间，等武汉解封了，再回去吧。”安安的父亲住了下去，这一住，便是两三个月。男友家的空气里凝固着尴尬、不满。男友终于鼓足勇气说：“你爸可以回武汉了。”

安安通知父亲离开时，满怀伤感。她纵使经历了许多事，内心依然纯净、自然，对别人从不提防，她带着一种盲目的少女的天真，与这个世界平安无事地相处着。但来到她身边的那些人与事荒诞不经，一触即倒，让她无比费神。她只好努力地将自己拼凑完整，小心翼翼地拿着伞。阴天晴天，她都打着伞，遮住风雨，也遮住了阳光。她无怨无悔地走着，从未羡慕过任何人。

尽管命运不公，但在她的身上一直有一种乐观的顽强，让她与众不同，也让她所向披靡。

—

在上海这座城市，常常会迷失，会失意，比在其他城市要多许多。年轻的时候，考验太多，欲望也太多。最初，安安以为要一辈子在那家公司待下去；后来，她决定去外面的世界看一看。转变的时间，从表面上看是一瞬间，其实暗地里酝酿了三四年。

人在年轻时，最容易说永远。

永远爱你，永远做这份工作，永远坚守初心，永远坚持到最后……但永远有多远？你会走到三岔口，有另一份看似更好的未来摆在你的面前，任你选择。

安安离职的时候，大家都觉得很意外，老板更是开出高薪挽留。谁也想不到，那个工作最努力、喊着要为公司付出一生的人，居然会第一个离职。

她走后，整个部门如同崩塌了一样，一个、两个、三个……大家陆续离开。有时，职场脆弱得像一张蜘蛛网，风一吹，就破碎了。

安安走了以后，内疚感一直持续了半年之久。内疚，是因为老板极力挽留。面对日渐式微的公司，她看向了前方的风景。不知是对是错，她还是想去一探究竟。辞职后，她在新的公司工作了一段时间，再次辞职，又投入到另一家新公司。

在不停地参加面试、尝试新工作的那段时间，安安几乎累到崩溃，又有一种面对挑战的兴奋。

就在这一波三折的过程中，安安发现，自己脚下的路越来越广阔了，她的世界开始变大。最终，她找到了一份和之前类似的工作，但薪水比之前高了三倍。

她每天上午十点上班，晚上十二点下班，有时甚至会工作到凌晨两三点。但她毫无怨言，愈战愈勇。她属于那种韧性很强、喜欢付出的女孩，尤其是看到付出还有不菲的回报，那股勇猛的劲头简直无可匹敌。

新老板看着她拼命的状态，仿佛看到了年轻时的自己，对她赞赏有加。一年下来，升职加薪，安安好不快乐。

职场得意，情场失意。安安每个月要孝养父母，每天要加班到很晚，没有时间谈恋爱。她和男朋友的距离越来越远，有时她跟他说话，他就像听不见。她质问他是不是有了新的女朋友，他摇摇头否认，但态度冷漠。

她望向窗外，月亮很美，满月的这一天，月亮变成了绯红色。她盯着外面看了许久，男朋友费力地想和她交流，她却什么也没有听进去。

不是不喜欢，仿佛爱还在。不是缺乏激情，而是生活在这个城市，就会有莫名的压力，仿佛拥有的一切随时会失去，要带着不安感，每天像个勇士般激流勇进，才能赢得生存的权利。

至于生活，那是有诗与远方的乌托邦。

—

生存和生活不能同时拥有，不要贪心。

安安转过头，在看苏州的楼盘。她要买房，买一个属于自己的房子——不管刮风下雨，不管酷暑寒冬，她都可以躲进去的房子。那个房子的主人只能是她，她的父母、男友都不能擅自闯入。

在一个秋日的下午，她真的如愿以偿，拥有了人生第一套房子。从看房到决定买，她只用了一个下午的时间。有朋友说这房子买得不值，也有朋友说地理位置不好，安安全然不顾，心里想着，只需要一个小时，就可以从上海回到苏州的家里。

这已是人生最好的安排。

买房的那天晚上，她失眠了。

来不及欣喜，她已经在计算，该怎样快速还完房贷，再快速赚到两百万。她没有想过永远留在上海这个城市，她甚至没有计划结婚生子，所以，她在爱情中漫不经心，她把爱别人的精力都拿来工作了，她没有时间和空间去挂念男友，以及她的父亲母亲。

她的目标，从最初的好好爱一个人，嫁给一个令她衣食无忧的人，转变成了好好赚钱，还房贷，真正拥有自己的房子。

——

这个大年初二，我和安安一直沿街寻找火锅店。她一边走路，一边跟各个合作方打电话。通话刚结束，又来了母亲求助她的电话。内容与从前无异，只是安安的态度变了许多，比之前多了耐心、安稳、平静。我把这称为她爱别人的能力在增强。

看着这个漂亮又美好的女孩，回想起她这几年的生活，不由唏嘘。我的心情复杂：有些恍惚，有些惊喜，也有些感到不可思议。人生真的奇妙，时间也真的是一个奇迹，慢慢打磨着每个人，实现我们想要的人生，也破灭我们无法抵达的愿望。一个女孩的成长，从二十几岁大学毕业到三十几岁立住脚跟，不过十年。这十年，也是烟花易冷、风景易变的时间。

他们说，只要你足够勇敢，在这个城市，你总能遇见你的梦想。

他们说，只要你足够努力，在你还年轻时，你就能成为自己想成为的模样。

安安和我走在寒冷的街头，我指着不远处的房子告诉她："你看，我的新房在这里，今年六月交房。"

黑暗中，安安看不清楚那座房子，却依然赞美道："真漂亮，真漂亮。我的房子八月交房。今年年底，我就可以住到自己的新房里，接来父亲，过一个真正意义上的团圆年。"

从大学到现在，那个独自过了十个春节的女孩——脆弱又坚强的安安，终于坚定地找到了自己的生活。她爱过一些人，也伤害过一些人，她被一些人爱过，也被一些人伤害过，但这些已经不再重要。年轻的时候，除了顺应命运的安排，除了丰富自己的经历，还要蓄养自己的能力。

让自己拥有爱一个人的能力，也让自己拥有离开的能力。

—

28 岁的安安走在上海黑暗的街头，从没有害怕过什么。她那么乐观，那么勇敢，也那么脆弱，那么善感。

多年后，她并没有变得特别冷漠，但也学会了不再与他人热络。她熟练地处理着工作上的事情，妥善地安排下属的工作，她拥有了超越年纪的成熟。只是她特别怀念刚到上海的那一年，怀念她的第一份工作，怀念那个时候的自己——经常和小伙伴们发生争执，肆无忌惮地对着老板落泪，毫无顾忌地指责身边的人。

这个女孩没有剑。剑是力量，是武器，是刺伤别人的心力。她唯有一腔孤勇。成长中最遗憾的事情是，有些人、有些事，终究是回不去了。

你只能祝福自己，祝福身边的人比从前快乐，也比从前安心。

林夏萨摩

不是谁的声音大、脾气大，道理就站在谁那一边

不是谁的声音大、脾气大，

道理就站在谁那一边。

很多事情不是非黑即白的，

没有绝对的对与错，大家立场不同罢了。

情绪管理能力强，会成为一个人职场发展的助推器；

反之，则会成为一个人职场发展的障碍。

一

我毕业没多久就进了上海一家广告公司，做文案策划。

我那会儿刚上班，完全不懂什么职场生存法则，跟个愣头青似的，心直口快，想到什么说什么，有看不顺眼的、认为不合理的事情，直言不讳，据理力争，也不管对面坐的是领导还是客户。

我当时完全没意识到这有什么问题，只因这是我认为的“为人正直”和“工作认真”，私下里还会觉得，如果领导或客户听不进这些为项目好的“逆耳忠言”，便是他们的心胸还不够宽广。

直到后来我们老板亲自找我谈话。

公司接了一个世界五百强品牌的策划案，预算比较多，而且如果做得好，我们能进那家公司的供应商库，以后每年不愁没案子做了，所以老板特别重视。

由于客户是外企，公司得做中英文提案。当时公司里有策划能力强的人，也有文案撰写水平高的人，但会策划，又能写中英双语方案的，只有我这个进公司不到两年的新人。老板就把我临时调派到这个项目组，让我帮 Jason 做完这个案子。

提案通过得很顺利，三轮激烈的竞争过后，我们打败了几家知名广告公司，拿下了那个项目。方案执行得也很精彩，客户很满意，抛出了往后继续合作的橄榄枝。

所以，当同事说老板叫我去她的办公室时，我暗自开心，以为好事终于轮到我的头上了，找我谈话肯定跟升职加薪有关。但我只猜对了一半。

鉴于我在项目上的表现确实不错，老板象征性地给我加了薪水。聊完加薪，老板开启了她真正想聊的话题。她反问我："你知道为什么我只给你加薪，不提你的职级吗？"

我条件反射地问："为什么？"

她紧接着说："Summer，你的能力大家是有目共睹的，你英语好，文案和创意也都不错。但你能力大，脾气更大，你很强硬，你知道吗？如果你不改改脾气，以后要吃亏的。"

——

谁能想到这个白手起家，凭一己之力硬是在 4A 公司林立的上海广告圈杀出一条血路，挣下了十几套房产，做事雷厉风行的女老板，会用强硬来形容我这个入行没多久的小员工。

那种心情很微妙，我既觉得强硬这顶帽子有点大，我担不起，又隐约觉得被老板认为强硬，我好像还蛮厉害的样子。

等所有微妙的情绪都过去，我开始反思我在公司里的言行。

作为新人，我确实做事认真且较真，脾气不小，但凡遇到我认为不公平、不合理的事情，我就很容易炸毛。我没意识到作为一个打工人，管理自己的职场形象，管理自己的情绪，也是职业化的一部分。

不久后，老板提升了和我同期来公司、能力稍逊色于我，但做事很稳定、很少情绪化、从来没对客户强硬过的某个同事。

那时我就知道，在老板眼中，在上级眼中，下属的工作能力固然重要，但他们更在意这个下属是否可控、他的情绪管理能力强不强，他们更倾向于把大项目交给情绪稳定、无论客户提出什么要求都能扛起压力良好应对的下属。

情绪管理能力强，会成为一个人职场发展的助推器；反之，则会成为一个人职场发展的障碍。

——

不管怎样，第一个老板的建议，我听进去了。

我试着从不同的视角去理解职场人进行情绪管理的必要性，以及总是心平气和地做好所有事情的重要性。

作为老板，肯定喜欢自己的员工能力强、会办事、没脾气；大部分同事的想法是，虽然有些安排不合理，但太平地工作、太平地相处、太平地等到每月的发薪日即可，至于其他的，多一事不如少一事；至于客户，都想要听话的、讨人喜欢的乙方，哪怕他想要你去摘天上的月亮，基于职业素养，你的第一个反应也不该是反驳，而是认真思考搭天梯的可能性。

前面的多视角思维只是开了个头，彻底让我觉得情绪无用是在跟两个资深广告人朋友聊天以后。

一次是在拍片现场，工作结束后跟广告导演 Joe 聊天。

我先自我检讨，说我有时候在工作上遇到了不合理的恼人的事情，我就很想发泄情绪，控制不住，明明是奔着解决问题去的，结果讲着讲着道理火气就上来了，给人一种得理不饶人的感觉。

Joe 很平静地说："对很多事情你不服气，想发脾气是吧？这些重要，也不重要，你要想清楚，是谁给你发工资。"

"你从老板那里领工资，拿人钱财，替人办事，老板给你发的工资里，包含了'情绪消化费用'。如果你觉得这家公司的企业文化不行、管理一塌糊涂，那不如炒老板鱿鱼，换一家更适合你的公司工作，没必要消耗自己。大家都不喜欢情绪化的人，有问题就解决问题，解决不了的就先放在那里。"

Joe 提到的"没必要消耗自己"这一点说服我了，不是谁的声音大、脾气大，道理就站在谁那一边。

占理的人如果不能控制好自己的情绪，不能心平气和地提出诉求、解决问题，反而会成为大家眼里那个不讲理的人。尤其是涉及跨部门业务，更会因小失大，增加以后团队协作的难度。

另一个广告人朋友魏珂给出的答案更简单，也更扎心：发脾气本来就是能力不足的表现。

保持冷静是一种能力，真正做事有魅力的人，绝不是放任情绪流淌的人。

职场上，占理、有能力，又有手腕的人很少发脾气，毕竟解决问题靠的是方案，而不是情绪发泄。每天扮演好一个情绪稳定的成年人，应当成为每个职场人的自我修养。

长大后，我们会发现，很多事情不是非黑即白的，没有绝对的对与错，大家立场不同罢了。

当我们在任何一件不顺心、看似不合理的小事发生的时候，都能条件反射地跳出以自己为尊的单一视角，开启站在不同立场看到的画面时，我们对这个世界的理解和包容也就更进一步了。当我们对世界的理解和包容进了一步，触发情绪和脾气的“隐形按钮”也就越来越少，我们的职场道路也会更顺利。

—

之后的几年里，我跳了几次槽，涨了几次薪水，经历了一系列心理变化：

从摇摆在“保持自我”和“顺应职场规则”中扭扭捏捏地找两者之间的平衡，到欣赏“宠辱不惊”的行事作风，再到推崇“用解决方案打败情绪发泄”的职场哲学。

学着不再做情绪的奴隶，学着遇事冷静，先拥抱所有的负面情绪，接纳它们都是大脑释放出来的信号，接纳大脑里的各种想法会打架的客观事实，再跳出思维的墙，用“局外人”的视角来审视这些消极情绪，最后把那些糟糕的部分一键清除或转化成积极的。

慢慢地，我也成了同事们眼中能力强、做事稳、可托付的人。

没人能做到没任何情绪，这不现实，情绪管理的要义也不是达到没任何情绪的状态，而是拥抱我们的情绪森林里那些幽暗的角落，让我们的大脑在接纳色彩斑斓的积极情绪的同时，也接纳那些灰暗阴晦的消极情绪，与之和谐共处。

—

再后来，我辞职，做起自由职业：宅在家里写散文、小说，偶尔也通过从前做广告积累的人脉资源赚点外快。

大家都知道，对于有专业技能的人，尤其是广告策划人、设计师和单位时间收费很贵的心理咨询师以及律师来说，最怕听到的就是有人来一句："你能帮我一个忙吗？"

这种帮忙往往意味着对方没钱没预算，但你得看着往昔那点情面帮他把活儿干了。

做广告这些年，我身边经常有人以帮忙为由，让我取名字、写文案。对于不熟的人，我一般直接拒绝。偶尔也会遇到不好意思拒绝的请求，只好硬着头皮接下来。

那次是一个朋友 C 的新店开业，C 让我帮忙写篇软文。

我答应后，认真列了提纲，写了文章。发给他以后，他在我的文章里标注了五六条修改意见。

坦白地说，当我看到他反馈的红黄相间的 Word 文档时，内心很不爽，有点后悔答应帮他写了。

一来，我并没有糊弄了事，我的文案功底摆在那里，我认为根本不需要他那些"多此一举"的修改意见；二来，他又不是不知道我写商业软文对外的报价有多高，免费帮他写，他还敢得寸进尺让我大做修改？

我当时很想发脾气，说几句阴阳怪气的话："我的水平就这样，稿子不改了，要改你自己改哦。”

但后来转念一想，没必要，如果最初没答应他也就算了，既然已经应承下来了，一定要做的事情，为什么不做得漂亮一点？何必费心劳力又落人话柄呢？

于是我按照他的要求，耐心帮他改了三四遍。定稿他很满意，跟我说了好几遍谢谢。

或许是让我免费写文案，他的内心不好意思，又或许是我这次把他这个“没预算的甲方认真当甲方对待”的诚恳态度显示了自己的职业化，之后他给我介绍了好几个写作项目，报酬也都不错，算是还我的人情了。

为什么讲这个故事呢？

江湖路远，多个朋友多条路。尤其是对于那些长期从事一个行业的人来说，朋友、同事们跳槽来跳槽去，都还在同一个圈子里，搞不好从哪天开始又抬头不见低头见了。你的职业形象不只建立在你的业务能力上，也在别人的印象里和嘴巴里。

任何时候都有必要管理好你的情绪，管理好你的职业形象，这些是你的职业发展助推器。

陶瓷兔子

我见过最狠的 PUA，是否定自己的感受

PUA 里最可怕的是什么呢？

比起打压和贬低，

让人对自我感受否定才是最狠的一招。

明明已经感觉那么疼了，却还要埋怨自己不勇敢，

在挑起别人强行给予的重担的同时，

又额外添加了对自我的指责。

理智的用武之地，其实并不是压抑感受，

而是在感受出现之后分析自己的种种应对方式的利弊。

—

有一天看最新一季的《圆桌派》，聊的是这几年在各个领域被频繁提到的一个词——“PUA”。嘉宾周铁君抛出了一个很有意思的问题：

“一个人怎么判断自己到底是不是正在遭受 PUA 呢？”

几位嘉宾都给出了自己的判断标准，特别打动我的是心理学博士李松蔚讲的一段话：

“判断一个人是否被 PUA 没有明确的标准，关键要看他自己的感受。如果一个人处在被压迫、被贬低的关系中，他的感受一定是压抑的、不愉快的。”

我把这段视频随手转发给了一位一直想提离职却始终下不了决心的女友。

即便是作为旁观者，当听她说起上司时不时就对她表现出学历歧视——“本来以你这个学历，HR（人事）都不考虑你的，你可不要让别人看笑话”，并且嘴上对她各种挑剔和不满意，却暗戳戳地不断给她加码工作，也觉得喘不过气。

下班的时间越来越晚，她好不容易鼓起勇气提出任务太重、时间太紧，请求协调资源，他却说：“为什么别人可以搞定的事，你却做不完呢？越是起点低，就越该比别人多努力，不能一遇到问题就来找我。这里是职场，不是幼儿园。我本来还觉得你是个可塑之才，结果……”

她毕业的高校虽然的确不是什么“985”，但也是小有名气的“一本”高校。在来这家公司之前，她在老东家也曾经连续三个季度拿到最佳员工奖。那些曾经让她引以为傲的一切，逐渐在上司的反复打压中碎成了齑粉。

她干得越来越吃力，状态越来越差，眼里自信的光芒逐渐被小鹿般怯怯的神色取代。可她就是不能下定决心离职，理由很简单：万一他真的在培养我呢？

十几分钟后，她给我回了一条微信：“是我自己太贪心了，在工作里图什么快乐呢？想来痛苦的人那么多，我也不是唯一的一个。”

PUA 里最可怕的是什么呢？

比起打压和贬低，让人对自我感受否定才是最狠的一招。

明明已经感觉那么疼了，却还要埋怨自己不勇敢，在挑起别人强行给予的重担的同时，又额外添加了对自我的指责。

我想我是理解她的，因为我和我身边的很多人也都非常擅长否定自己的感受。

—

记得还是刚毕业那会儿，我跟一个同事报名参加了一个同城登山活动。那天的山路出奇地难爬，爬到差不多三分之一的地方，我们俩就已经气喘吁吁、体力不支。

她瘫坐在一个树桩前连连摆手："太累了，我不上去了，就在这里等你们。"身体里的每个细胞都在召唤我跟她一样原地瘫倒，可理智却告诉我："不行，你不能就这么停下。你看看大部队里有老人，有小孩，人家都没觉得累，你怎么能累呢？别矫情了。"

于是我顺理成章地听信了理智的话，把疲劳感强行抛到脑后，咬着牙追上了前面的人。

如果你也不自量力地逞强过，你大概能想象出我当时的状态：脚趾上被磨出的泡火辣辣地疼，手掌被树皮擦出了好几道血痕，可脸上还要风轻云淡，装出一副"我不累"的样子，努力让自己看上去合群。

快登顶的时候，大家终于放慢了速度。走在我前面的一位大哥友善地递给我一包巧克力，说："今天的路线不好走，就连我们这些每周都来爬山的人也觉得吃力，你看上去还挺轻松的。"

聊起来，才知道他们都是一家登山社的成员，只要天气允许，每周都会组织登山。得知了真相的我险些泪洒当场，一直被理智苦苦压抑的感受也汹涌而出:“我早就说好累，你为什么不听？你为什么总是这样？这一次我才是对的。”

这件事留给我的不仅仅是疼了两周的小腿，还让我看到了自己有一个根深蒂固的思维习惯——只有某种感受先被证明是正确的、有好处的，我才能理直气壮地允许它存在，否则我就要调用理智压制、否认，甚至是彻底抹杀这种感受。

——

不能否认，这种习惯曾经给予我许多回报:

小时候擦破了腿，正想哭的时候听到妈妈说:“勇敢的小孩不能动不动就哭。”我忍住眼泪告诉自己不疼，然后得到了一根雪糕作为奖励。

上学的时候被一位老师人身攻击，我每天都给自己洗脑:“她不是针对你，她只是想让你上进。”编造这样一个谎言，才能维持起床上学的勇气。

工作之后遇到同事仗着资历深处处压我一头、抢我的业绩，每天都想像电视剧里那样把咖啡泼他一头，但看到别人都云淡风轻时还是忍不住埋怨自己:“人在江湖，可不能这么玻璃心。”然后咬牙坚持，硬生生熬到他离职并接管了他的项目。

的确有所得，可回头看去，那疼痛、那委屈、那愤怒的感受也都是真的。

允许这些感受出现，真的会让我变成一个懦弱的人，让我做出退学或者愤然辞职的决定吗？我想未必。

理智的用武之地，其实并不是压抑感受，而是在感受出现之后分析自己的种种应对方式的利弊。

人是最趋利避害的动物，如果当时看到并承认自己的感受，我大概率还是会做出一样的选择，唯一不同的是不会再有那些自我否认、自我批评的内耗。

“你是个很糟糕的人，但我还是选择继续跟你相处，因为我有我想要得到的东西”和“我是个很糟糕的人，所以我不能离开你，因为只有你才能给我我想要的东西”，这两条路或许殊途同归，但分别在这两条路上走着的人的心情却绝对不一样。

选择好走一点的那条路吧，人生总比我们以为的更漫长。

林夏萨摩

时间能淘汰的，都是不够坚定的东西

有能力的人不必担忧未来，

只要你能给别人提供有价值的服务，

就不用担心饭碗问题。

人的气定神闲，

往往来源于胸有成竹，未雨绸缪总是好的。

二

Juli 和 Amy 是同届不同系的大学同学，毕业后先后进入广告行业，前几年机缘巧合，又进了同一家公司 W+，一个做设计，一个做总监助理。最近公司传言纷起，据说两人都将遭遇裁员，她们的心境却截然不同。

Juli 入行七八年了，职级只是资深平面设计师，但公司里没几个人知道，她除了会做平面设计之外，三维设计也很厉害。

之前有机会她也不愿意升职，是因为一旦升上去做设计组组长，她不仅要做图，还要分出很多精力做管理，她没那份闲心，也不喜欢管人，工资差不多就行了。再说了，与其在公司里熬夜加班当时薪很低的老黄牛，她宁愿省下时间和精力在外面接私活。所以当同组的小伙伴跟她说公司要裁员了，问她有什么打算的时候，她装作很惊讶的样子，内心其实毫无波澜。

这些年，她服务过那么多品牌，做过那么多案子，凭她的作品集和履历，就算一时之间找不到满意的新公司，在家里宅着当自由职业者给人作图，也生活无忧。

与 Juli 的乐观形成鲜明对比的是 Amy 的焦虑不安。

Amy 是学教育出身的，可她对教育一点都不感兴趣，当年的专业志愿完全是瞎填的。毕业之后，她一直在行政和助理之类的职位间绕圈子，到了 W+，她被分给业务能力很强的客户总监做助理。她本以为日子会从此顺风顺水，想着跟总监多学点东西，以后好转型，毕竟她快三十岁了，做助理这种相对轻松、替代性也很强的工作，很容易被成本更低的年轻人替代。

她不是没有危机意识，她只是没想到危机来得这么快。

她快三十岁了，虽说以往的工作也足够耐心细致，可她只会干打杂性质的活儿，身无所长。她很羡慕 Juli，就算失业了也依然有康庄大道等着她。

裁员通知正式下发那天，Amy 拖着 Juli 一起去喝酒发泄。

在长乐路上一家店面狭小却无比热闹的酒吧里，心情烦闷的 Amy 很快喝完了一整杯长岛冰茶，又迫不及待地点了一杯“白美人”和一杯“明天见”，大有灌醉自己之意。

Juli 怕她真的喝醉，拦住了服务员，让服务员改上两杯加小青柠的苏打水。接着她试图安慰一脸愁容的 Amy：“工作没了大不了再找呗，干吗折腾自己？你的胃不好，装什么酒仙？”

“我又不是你，想找工作马上就能找到。我只是一个小助理，除了订票做表格，除了打杂，什么都不会。快三十岁了，还要跟刚毕业的小朋友竞争工作岗位，太惨了吧。

“好烦啊，烦死了……我都不敢跟我爸妈说，怕他们唠叨。

“我有点后悔了，真的。我以前不该贪图舒适，下班了就知道追剧、出去玩，我应该学点像会计啊、设计啊这种更实在的技能。”

Amy 说完后，Juli 搜肠刮肚地说了很多安慰她的话。可 Juli 心里也明白，安慰归安慰，只能让当下的她心情舒缓一点，不能从本质上解决她的问题，她的职业生涯确实需要重新规划了。

——

可能因为我工作了很多年，我身边快到三十岁和三十五岁这两个职场分水岭的朋友越来越多了，而他们的故事总是惊人地相似。

拥有一技之长的“Juli 们”，哪怕被公司裁员了也不慌张，裁员对他们来说不是人生噩耗、天降难题，而是一次重新选择的机会。有些人遭遇裁员，跟公司 HR 斗智斗勇后，开开心心地拿到了离职赔偿，然后很快凭借过硬的专业水平，跳到了更好的公司、更好的平台，做着跟从前的业务相同的事情；也有些人看透了资本剥削人的本质和商场上的游戏规则，想明白了给别人打工不如给自己打工的道理，梳理了以往凭借专业技能搭建起来的上下游的各种人脉资源，重整旗鼓，开起了公司或工作室，自己干了。

与之相反的是可替代性很强，尽管工作了很多年，干的也大多是一些边角料工作的“Amy 们”。他们面临着人生的新困境，前有企业招聘歧视、年龄上升、冲劲不足、专业技能有限或缺乏这些“拦路虎”，后有快马加鞭追上来、初生牛犊不怕虎的“后浪”。

他们被夹在中间，进退两难，很焦虑。

我在不同的公司间跳来跳去的时候，也经历过职业发展“焦虑期”。

其他行业的人可能不了解，从某种意义上来说，广告是个吃年轻饭、竞争很激烈、内卷很严重的行业。单说策划这个岗位，公司期待你文武双全，最好“文”能做到文思泉涌、创意新颖、随时能提笔利落写方案，“武”能有个健康体魄，熬得动夜，受得了气，搞得定客户，经得起比稿消耗。

我真怕我哪一天想不出好的创意，加不动班了，就会被公司无情地淘汰。

之前想跳槽，沟通过几家不错的公司，已经聊到最后阶段了，HR 却话里话外地暗示，他们现在不太倾向于招大龄单身未婚的女性，老板们现在都很看重员工的性价比。不管这是他们压薪资的套路，还是没打算录用我、用来推托的借口，隐形的职场发展壁垒还是横在了我的面前。

郁闷之余，我去找几个事业蒸蒸日上的女性朋友聊天，想向她们取经。

做了很多年律师的伊姐姐跟我说：“有能力的人不必担忧未来，只要你能给别人提供有价值的服务，就不用担心饭碗问题。”

做了很多年销售，后来果断辞职，从零做起了自媒体公司，当上了女老板、年入百万的阳阳跟我说:“林夏，你对未来的看法太消极了。你以后的路还很长，你还有很大的上升空间。就算有一天你被公司解雇，你不想再在广告圈里混了，以你的文笔，你就是在家里写写稿子也不会饿死的。再不然，把英语专业八级的证书翻出来，去做翻译、当老师，也可以啊。”

“我英语都好久没用了，要重新捡起来才可以……”

“你知道吗？现在有的住家家教工资都开到每个月两三万了。关键是你想走怎样的路，你得想清楚。”

伊姐姐和阳阳旁观者清，她们的话从不同的角度点醒了我，让我回望了自己毕业后走过的职场路。

我在乙方的创意部门待过，写过各种文案，做过各种策划，也在甲方公司做过总裁助理、客户经理和一段时间的销售项目管理。这么多年过去，若问我哪项能力最强，那肯定是文案策划，是过硬的文字功底和敏锐的洞察力。这才是我行走职场江湖傍身的东西，是这部分能力帮我一步步走到现在，完成职业生涯的转型，也多亏有了这部分能力，我才能利用业余时间写自己想写的文章，出了三本畅销书，实现了儿时当作家的梦想。

——

后来，再有遭遇职场焦虑的朋友找我聊天，问我有什么建议，我给出的第一条建议就是：工作前十年，一定要多积累，多沉淀，直到你找到自己的“本命技能”。

何谓“本命技能”？

就是那些哪怕你离开了原公司的职场生态环境，依然有价值、易于交易，依然有人愿意为之付费的技能。

譬如高级会计师、医生、律师、心理咨询师等，在某个领域足够专业，水平也会随着年龄和阅历的增加而增加，自然他们的身价也会越来越高。

他们到了一定的阶段，自立门户也未尝不可，不用担心被裁员。

又譬如，有些人天然具有极强的亲和力和沟通力，能快速和任何人打成一片，快速获取他人的信任，这就是天选的销售人才，很容易在销售这个领域打出一片天地。

如果你已经找到了自己的“本命技能”，继续在相应的领域精耕，你终有大放异彩的机会。

如果你还没找到自己的“本命技能”，过往的职场路也是浑浑噩噩地走过来的，那么从现在开始，你就要认真思考、重新规划了，为将来做好打算。

随着移动互联网和人工智能的发展，谁都能做的事情、专业性不强的职位，很快就会被技术手段替代，现在已经有这种趋势了。

且不说电话接线员、数据录入员、农场工人、海关经纪人这些职业，我们熟悉的生活场景也已经有了许多变化：自动驾驶汽车在公路上行驶；疫情期间，大量收银员被裁掉，换成了自动结算的机器；各式各样的翻译软件和翻译笔，抢了一部分职业翻译的饭碗。

人的气定神闲，往往来源于胸有成竹，未雨绸缪总是好的。

从现在开始规划，一切还不晚。

文长长

在不安中成长起来的人，内心反而更强大

无法预知未来，唯一能确认的是，

即便带着不安，我们也能好好生活。

过好我们眼下的人生，

种好自己的玫瑰，对未来的事，随机应变。

——

在二月的最后一天，我交了十万字书稿，交稿时还特意跟编辑说："我还要加一篇后记，写完后发给你。"我是一个喜欢给所做的事赋予意义的人，原打算在后记中写这篇文章，并留个私心，将那本书作为送给自己的二十七岁的礼物。

后来，有了更想写进那本书后记的内容，于是作罢。

但这篇文章还是要写。作为被读者看着"长大"的写作者，我心里总觉得，还是会有那么几个人在等着我的文章更新，想了解我的成长变化。

另一方面，也想在生日这天写点真心话送给自己，既是对过去一年的所思所悟，也是对未来自己的期待。

——

"今天的我很开心。"这是过去一年，我对自己说过最多的一句话。

无论是在顺遂的日子里，还是在走得很吃力的逆境时刻，我总是努力告诉自己："你看，今天发生了什么什么有趣的事。总的来说，今天的我还是很开心的。"

不是故作乐观，也不是要故意表现得开心，都市丽人的生活里，也从不缺少波澜，人生越往后面走，就越容易遇到让人意难平的事情。

但我总觉得，生活是有吸引力法则的。你若积极、美好，便会吸引来更多的积极之物；你若沮丧、愁眉苦脸，生活便会越过越难。

人身上那股正面、向上的心气儿不能丢。

发掘着生活中的小美好，时刻暗示自己："今天的我过得很开心。""今天的生活还是挺顺遂的。""今天的我还是很幸运的。"既然生活对我不薄，我就无须自怜，好好生活，用心工作，去回馈这些美好。做好该做的，故事自会顺利讲下去。

这是我安抚自己的波动情绪常用的方法。

"今天的我很开心。"今年，也要继续保持哦。

——

差不多两年前，我交过一本书稿。直到半个月前，这本书才终于通过了终审。昨天，编辑把封面、内封、书签样图、明信片图发给我，让我确认一下有没有问题，没问题的话就可以下厂印刷了。

等的过程久了些，但看到书的雏形那一刻，我对一切都释怀了。

对于那些因写不出稿子而焦虑的日夜，对于那些一次次怀疑自己越写越差的崩溃时刻，对于那段每日想着今天要写多少字整本书稿才能及时写完的赶稿时光，以及在交稿前很紧张、一次次反问自己“你是不是把此刻你所能表达的最好的东西都表达出来了”的压力时刻，都释怀了。就如同紧张地准备一项考试，在考前有焦虑综合征，在考试过程中很害怕自己没做好，考后又急切地想知道成绩，分秒难挨，但所有的情绪在看到自己很满意的分数后，全都消解了。

在人生“农忙”时节，播种很辛苦，过程中还会充满各种负面情绪，这些都是正常的。不必怀疑，也不必觉得当下太难熬，你只需记住，在收获果实那一刻，你对一切都会释怀。

生活需要努力，也需要等待。去践行，而后认真等待吧，做一个等得起的人。

—

记住，总会有人不喜欢你，这一条适用于所有人。

我也曾在意过不被别人喜欢这件事，甚至一度以为“我只要变得优秀，就会被更多人喜欢”，而后发现这本是一条悖论。

近一年来，越发觉得“被人喜欢”是玄学。

别人喜欢或不喜欢你，是很主观的行为，可能跟你的性格有关，可能跟你本身的价值有关，可能跟你目前的“站位”有关，可能跟眼缘有关，可能跟你的情商有关，甚至可能跟你的家庭背景有关。

有时，你因为优秀被人欣赏；有时，你恰会因为优秀而被针对。

有人欣赏你本身的价值与你的努力，但也有人偏喜欢看所谓的原生家庭。在后者眼中，你再努力，你再优秀，你再好，出生在一个普通的家庭就是不好，就是你的缺点。

不被喜欢这件事，跟我们是谁有关系，但有时跟我们本身好坏也没多大关系。

近来，我越发觉得没必要过分迷恋“成为一个被人喜欢的人”。别人是否喜欢自己，真的没那么重要。落落大方，坦坦荡荡，尊重对方，做力所能及的事，如若还是不被喜欢，那也没关系。

反正人生那么长，我们很努力，也很有能力，即便不被一些人喜欢又怎样？我会想办法周全自己的人生，而且以后的我肯定过得更好。

昨日我去上课，那个偶尔古板、学究的老师站在讲台上，晃晃悠悠说道：“我很喜欢一句话：‘夏虫不可语冰，井蛙不可语海。’这句话源自《庄子》。”他问我们知不知道这句话的意思，接着自答道，“认知不同，思维不同，不必争论。”

以前我觉得“夏虫不可语冰”只是很普通的一句话，但它从阅历丰富的老学者口中说出，经过反复品味，又是一番风味。

这句话也送给你们。

—

越成长，我越觉得生活中应验墨菲定律的时刻真多。写稿压力最大的那段时间，往往学业压力也最大，生活中各种杂七杂八要处理的事项也最多。

每每计划好做一件事，就总会发生些让我没办法按预期进行的事，计划被推迟，或被打乱。

就拿今年的生日来说，一个月前我就跟朋友计划好了怎么庆祝，但后来有了一些别的安排而打乱了计划。

于是改变了计划，十天前，跟另外的朋友约好在生日当天一起吃饭。四天前因为疫情，无法外出，计划又被打乱。

生活里充满了计划赶不上变化的事。

朋友也遇到过发展不似预期的类似事情，吐槽自己运气差。在那些时刻也曾觉得委屈，而后还是选择凡事往好处想。

安慰自己好事多磨，一切事的发生自有它的道理。我们要做的便是：接受所发生的，而后在力所能及的范围内，让我们可控制的那部分生活尽量朝着我们想要的方向发展。

变化并不可怕，可怕的是因为变化乱了阵脚。流动本身是好事，有流动，说明有前进的空间。带着稳稳当当的心态，扎扎实实地应对变化，那些当初看起来不好的变化也能够成为“好事多磨”中的好事“催化剂”。

事与愿违本身并不值得歌颂，但若能将遗憾变成另一种美好，也挺不错的。

——

“躺平，这辈子都不可能的。”没想到有一天我真的说出这种话了。

毕竟我曾不止一次想过：真希望有那么一天，大家都不努力了，我也能理直气壮地敢吃敢睡敢荒废了。我一度也很厌倦压力，觉得挤破头拼命往前走，何必呢？太累了。

二月的最后一天，我交完十万字书稿。而后我给自己放了几天假，美其名曰“犒劳自己”，不计较体重，吃吃喝喝，玩玩乐乐，但那几天时常觉得不安。

某日早晨起床，鼓起勇气上秤，胖了好几斤。瞬间心情低落到极点，于是开始恢复规律生活：每日六点半起床，每天运动一小时，控制饮食，拒绝垃圾食品，尽量吃得健康……活得极其认真。

累倒是累了些，但规律生活后，清楚自己每日在正常地推进工作、学业，体重也在可控范围内，睡得极其安稳，内心很平静。

我终于能承认，就连体重失控这件事都会让我难受很久，更何况人生别的事呢？我是那种对自己的生活有着强烈控制欲的人，我希望生活里的一切都尽量在我的可控范围内，躺平，这辈子都不可能的。

早早清楚这一点也好，以后的人生，压力也好，焦虑也罢，都能勇敢应对了。

毕竟毫无退路了，这是我自己想要的生活。清楚自己想要什么很重要，对你们来说也是如此。

——

有段时间我特别忙，每日起床后随便套一件衣服，不考虑任何搭配，怎么舒服怎么来。简单洗漱完，就开始对着电脑敲字，没有多余的精力和心思打扮自己。

日复一日，日日如此。

有一天走在路上，迎面走来妆容精致、穿衣好看的女孩子们。对比一下，我一身宽松运动服，图舒服，穿的也是运动鞋，背着跟时尚挂不上钩、跟实用倒很契合的双肩包，看起来多少有些灰头土脸。有那么一瞬间，挺难过的。

但是，蛮奇妙的，相比二十岁时的难过，这次难过时间变短了很多。我很快振作起来，告诉自己：很多人想要打扮精致，但是此时的我暂时不需要。我若打扮，也能穿着优雅且好看，但是，此时我最需要的是高效且高质量地完成当下的工作任务，而不是花费时间打扮。

在活得漂亮这件事上，我终于和自己和解了。

我不再要求自己时刻精神抖擞，也不必时时精致。允许自己有时不为漂亮，只为舒服，只为方便穿着。允许自己喜欢高跟鞋，但也允许自己喜欢跑鞋。允许自己活成像朋友圈里显示的美好模样，但也允许自己偶尔狼狈与灰头土脸。

可以追求精致与美好，但不必要求自己做一个时刻精致与美好的女孩。

愿你拥有高跟鞋，也拥有跑鞋，能优雅前行，也能大步往前跑，不介意一路荆棘。

——

看电视剧《我的天才女友》第二季时，觉得女性要多读书。上了大学的莱农与辍学的莉拉的人生差异还是很大的。

看第三季时，觉得女性读再多书，再优秀，在婚姻中该面对的困境与磨难也不会少。

不论结婚对象是谁，不论对方的条件多好，也不论对方的学识多高，女性在婚姻里面对的困境总是逃不掉的。感情里的不安感，关系里的妥协、付出，自身的消耗，做出的牺牲，都大差不差。痛苦面前，人人平等，只是多少的问题。我也曾想过：到底得是如何能干、睿智的女性，到底得具有怎样美好的品质，才能真正经营好感情这门人生课题？

后来索性也不想了。从学术的角度来说，这是整个女性群体的身份困境，不是哪个人、哪件事就能轻易改变的。

这个问题本身就没答案。

谁都没办法说出一个百分之百正确的答案来。

我也曾有那么一段时间为感情焦虑过，总觉事物易变，且事物变化的形态千奇百怪、无法预知。那么该如何应对未知的这份不安？

在想这个问题时，我本来就很不安。一个不安的人，要如何回答一个关于不安的问题？

某日跟朋友聊天，说起这种不安。

朋友只神色平常地说了一句：“这世上，大多数女性都是不安的。”放眼望去，路人形形色色，表面看起来再淡定，心里总有感到不安的事。

我们无法预知未来，但能确认的是，即便带着不安，我们也能好好生活。过好我们眼下的人生，种好自己的玫瑰，对未来的事，随机应变。

最重要的是，在不安中成长起来的女性，内心肯定足够强大。

——

也许未来有很多东西会改变，有些心境会消失，有些状态会迷失，还有些瓶颈无法突破。也许有一天，遇到一些特别难过的事，在那个时刻，上面说过的很多话我会遗忘。

我承认这部分人性的确存在，在我的身上有，在你们的身上也有。但我相信，不管未来怎么变化，教育所培养出的那种思考问题的方式，永远不会变。

生活的长河永远在奔赴前方，无论回看历史，还是放眼现在，这一路上，总有人坚强，总有人顽强，也总有人靠着倔强改变他的人生。

一切都会发生，但一切也可改变。事物在发生初始不一定利于我们，但想想办法，所有后续的发展将会有利于我们，这也是可以的。

万特特

做一个不好惹的人，到底有多爽

二手情绪对人身心的伤害比二手烟还厉害。

不是反对你和他人倾诉，而是要你学会适度。

每个人都有自己要渡的河，

一直让别人承受你的垃圾情绪，

是件非常伤感情的事。

——

周末约了新书插画师一起喝咖啡。在聊天过程中，我的手机响起。我看了一眼来电信息，按下了“挂断”键。

“不接吗？”

“不了，我想专注于眼下的事，不想被打扰。”

我和插画师相视一笑，继续聊我们的话题。

来电话的人是浅浅——我从小到大的好朋友，而我不接电话的原因，是作为树洞的我，真的有点累了。

浅浅前些日子和交往三年的男朋友分手了，分手时两人都说希望对方未来更好。男方删除了与浅浅的所有联系方式，并投入到工作中。浅浅则相反，精神萎靡，郁郁寡欢，而我是她倾诉伤心的首选。

每当我们站在局外看着电视剧里的兜兜转转，每当看到他人的感情天平出现一丝倾斜，我们都会置身高地，想要告诉当事人正确的感情观，帮他们梳理出爱情里所有的纹路。

可等到自己成了故事的主角，又会失去当初的理智，只能仰着脸迎接失恋的巴掌。

浅浅开始每天跟我重复一些话：

“我没办法正常工作和生活了。”

“我没有好好生活下去的动力了。”

“这么多年的感情，他是怎么轻易放下的？”

“我是不是该去看心理医生？”

诸如此类。

于是，那几天我也跟着她忧郁、紧张。

深夜写完稿子，洗完澡准备睡觉时，看到她发来的消息，担心她收不到回复会更难受，还是会强撑着疲惫的身体回复她。

但后来我发现，那些负面情绪如细菌一般，顺着我安抚的话语蔓延感染到了自己身上。我也会失眠，会回想自己过去的感情经历，再难过一遍，还会开始丧气，开始思考我的人生是不是也出了什么差错。

二手情绪对人身心的伤害比二手烟还厉害。

负面情绪终究不像乐器演奏，指挥家甩一下指挥棒就能让一切抑郁和难过消失。

于是，便有了我挂断浅浅电话这件事。后来我回消息给她：“我在忙自己的事，你先平静一下自己的情绪吧。”

失恋、失业、失去，每一件都是可以击中我们的武器，每一支都是能刺穿我们的利剑，被击中后，你会感到悲伤汹涌而至，难过得无以复加。

说句实在的，翻遍整个世界，你会发现只有自己能治愈自己。这个世界不缺少眼泪，感情的层面杯盘狼藉，不差你这一个残局。你不是悲情故事的主角，但也不是永远露半张脸的配角。

不是反对你和他人倾诉，而是要你学会适度。

每个人都有自己要渡的河，一直让别人承受你的垃圾情绪，是件非常伤感情的事。

——

同样是面对生活中的不顺意，我想江小姐的处理方式或许值得我们参考。她是我认识的为数不多“人生底色是亮色”的人。

做高级家装设计师的江小姐，有着同样事业有成的老公、乖巧的孩子，家务有保姆打理。这个让朋友们羡慕不已的女人，在去年年底遭遇了她人生中的第一次滑铁卢。

在一次业内大型家装设计比赛中，江小姐的助理不慎遗失了她准备参赛的设计稿，以至于她错失了拿得名次的机会。更有人从中作梗，在上级面前传言是江小姐和对手公司有不正当合作，故意丢掉设计稿。上级停了江小姐手头负责的工作，美其名曰让她休假。

江小姐感到委屈，却也知道辩解无力。后来从几个关系牢靠的同事那里得知，江小姐刚刚离开，助理就顶替了她的位置。

江小姐这才明白过来，提交了辞职信。

恰好那段时间江小姐的老公事业顺风顺水、如日中天，应酬自然多了起来，根本无暇照顾她的情绪。婆婆对于在家“休假”的她颇有微词。

我们几个朋友原本做好了听她诉苦、吐槽的准备，谁知几次小聚，江小姐一如往常地谈笑风生、淡定从容，对工作和生活中的事只是简单说说，没有一句抱怨，更没有要大吐苦水的意思。

她调整自己的心态，正好有了充足的时间可以用在烘焙、读书和照顾孩子上。

因为多年练习瑜伽，常去的那家健身会馆请她去兼职当瑜伽老师。她还打算和朋友一起成立一家小公司，还是做自己的老本行——家装设计。

江小姐没有从人见人爱的玫瑰变成人人避之唯恐不及的仙人掌，依旧明艳美丽，不仅更加光芒四射，而且钞票也大把大把地多了起来。

想想谁不曾被命运辜负过、被他人欺负过？遇到困难可以倾诉，可以寻求帮助，但不可长时间地停留在诉苦的阶段。

一个人的心要足够深，才能埋得下一些事。

我越来越欣赏那些不爱诉苦的人，他们才是最勇敢的战士。

当不如意袭来，他们不会将自己浸泡在沮丧和顾影自怜中，而是提枪上马，与之厮杀。

所谓成熟，是学会利用自愈力和辨别力面对这个世界。不喜诉苦的人，懂得体面地跟过去告别。

相信我，各人有各人的苦。

通过倒苦水换来的些许安慰，不会让事情本身有任何改善，或许还会把其他也在跟生活苦苦缠斗的人，拖进更深的水里。

沉浸在糟糕状态里迟迟不愿出来只会让痛苦延续，大好年华，我们不能肆意浪费头顶的阳光呀。

——

忘了是谁说过“走得太近，是一场灾难”。

我们每个人都渴望拥有亲密无间的关系，但你想想看，那些最后友谊翻船、互删微信、不相往来的人，哪一对不是曾经无话不说聊到天亮的？

好朋友之间关系的分崩离析，会比你想象的更加剧烈。

过于亲密会模糊两个人之间的分寸和界限，到了关系全面崩盘的时候，被在意的人伤害、误解的情绪一股脑儿扑来，没人能毫不在意、风轻云淡。因为我们都曾付出过自己的真心，因为我曾认为，你是我没有血缘关系的亲人。

对于朋友，言语上不注意，金钱上没分寸，行动里不知尊重，时间久了，谁都会远离。

对于亲人，天天打听一下家里的事，分享点小道消息，久而久之对方烦了、厌了、远了。

对于家人，孩子的小家庭你非要介入，另一半的消息你天天查看，每天黏着他们，没了自我，最终感情成了隔阂。

人际相处的成败都在一个“度”上。懂距离，知分寸，才能长久。这距离和分寸，不是疏远，也不是冷落，而是唯有这样，才能尊重自己在意的人，才能安稳妥善地保护好与之的感情。

和恋人之间的关系很亲密，并不意味着彼此就不能有个人空间。要保持适当的距离，鼓励、认同、尊重，有各自的朋友圈子，和睦愉快地相处。

有些人和朋友关系亲近一点，就开始提出各种要求，如果朋友不满足要求，他就产生抱怨。和这样的人相处，觉得心累。

真正的友情是纯粹的，帮或不帮都是有权利做出的选择，不能用道德去绑架。

和陌生人之间，更不要试图窥探对方的隐私，说话留有余地，不能强人所难，说话不能不看时机。

不必靠太近，各自有各自的生活；不要离太远，我们的生活圈还有交集。那句老梗“距离产生美”，意思其实是彼此尊重，彼此珍惜，才有好的关系。

——

我的一位前辈跟我说，如今在她的朋友圈点赞的人，已经彻彻底底换了一拨。

她是个有野心的姑娘，在我们圈内颇有名气。她去年开始创业，开了一家文化工作室，每月至少去外地出差三四次，连轴转，忙得脚不沾地。

她分享的每条朋友圈，都会获得大量点赞和好评，点赞者有当红畅销书作家，有出版界大咖，有出版社领导等，偏偏没有她过去的同学和朋友。

“每次出差，飞机降落滑行的那几分钟，邻座的人都拿着手机报平安，而我只是有些忐忑地等待着合作商的回应。那一刻，我有种说不出来的心情。”她说这些话的时候，眼神里有些许落寞。

人类群居而生，天然地需要陪伴，可为了事业，为了志趣，人总是要往前走，往前走，就免不了要同过去的亲密关系一一道别。

——

我曾经给闺密写过这样一段话：

“我希望你能够在最好的年纪做最好的自己，永远都能开心，谈恋爱开心，单身也开心，不要委屈自己。如果以后的日子里见不到你，我会记住我们之间曾经发生的那些有趣的事情，等见面时互相倾诉，互相温暖。”

但愿我们在各自忙碌的时候都能照顾好自己，过快乐且又充实的生活。想我了，就打电话给我，发消息给我，甚至跑来和我一起出去“嗨”一场，都可以。我没什么温柔的话语，但只要你奔向我，我一定会先给你一个超温暖的拥抱。

不管多久没见面，我们都还是老样子，脾气差，说话声大，不注意仪表，可是永远笑得那么开心。

如果哪天我们之间的关系不像以前那么好了，也不要惆怅，人之常情罢了。

毕竟各自在不同的地方忙于学业，结识了新的朋友，旧的友情变得疏远也是常态。人与人之间的关系原本就很淡薄，稍不留意就会可有可无。

一起走过是无比珍贵的经历，无论怎样，都觉得很高兴认识当初的你。不过我还是希望我们的关系能一直像当初那样好。

——

写到这儿，我突然想跟你们聊一聊人与人之间的边界感。

所谓边界感，就是在任何关系中都懂得适可而止、礼貌退场。

边界并不指和人保持能够精确到几尺几寸的物理距离，更多是指心理上的意义。它无形无相，却影响着人与人之间的互动与关系的亲疏。身体的轮廓将人与人区隔开来，而心理上的边界则保护我们处在平和、舒适的情绪状态当中，不受他人情感压迫。

每个人都有属于自己的心理边界。边界画出了自我和他人之间的界限，将你和其他人的内心世界区分开来。

然而，在生活中，总有人在我们的内心边缘疯狂试探。豆瓣网上有一个名为“日常注重边界感”的讨论小组，里面许多人提出的困惑都和隐私被冒犯有关。

其中有一些讨论很有意思。例如有人吐槽，用手机的时候，同桌总是盯着自己的屏幕看；有人说朋友发现了自己的微博小号以后，总是偷窥自己的小号，不知怎么办好。还有人提问：“室友的电脑坏了，想借自己的用几天，应该怎么拒绝？”“情侣就可以检查对方的手机吗？”“是父母，就可以翻看孩子的日记吗？”

看到这些帖子，我总会长舒一口气：“看来不只我一个人感到困扰嘛。”

在任何关系中都要有边界感。我们在人际关系中，如果遇到“自我边界”被冒犯，应该尊重自己的感受，勇于捍卫自己的“小世界”，这样才能有利于关系的良好发展。

就像纪伯伦的诗歌里所描绘的：“不管你们多么相依相伴，彼此之间都要留出间隙，让回旋在空中的风在间隙中舞动。”

如果没有边界感，即使是爱，也会变成消极的东西。

知道自己想要什么、能做什么，拥有完整的自我意识，你才能主宰自己的人生。

认清边界，尊重边界，根据不同的关系设置不同标准的距离，是一个成年人应该具备的技能。

林夏萨摩

唯有热爱，是疲惫生活里的一块糖

唯有热爱，方能持久。

做事精力旺盛、充沛的前提，

是你热爱你当下正在做的事情。

有了这个前提，每一天都充满了希望，

每一天都想比前一天做得更好、更出彩一点。

一

要论国内加班文化盛行的“重灾区”，广告、互联网和电商行业，一个都跑不了。

这不，资深电商人范范前几日忙完“618 购物节”之后跟我疯狂吐槽，为了“618 购物节”，她已经连续加班一个多月了，前期忙活动策划，忙选品，忙上架，忙着盯设计师改详情页，好不容易忙完了筹备工作，又要开始培训主播，帮主播提升话术，盯直播现场，等直播也忙完了，还要复盘数据，写项目总结。这段时间，她平均每天睡不到五个小时，开始疯狂掉头发，黑眼圈快赶上大熊猫了。

她跟我抱怨当代打工人真是太惨了，肉身“996”，灵魂“007”，跟工作有关的微信群加了 120 多个，微信 24 小时保持在线……

虽然出去社交的时候，怎么说也是创下八位数营业额的电商操盘手，看着挺光鲜、挺厉害的，但实际上呢？付出与收入并不成正比。

有好几次，她觉得自己的身体快扛不住了，可每次又都咬咬牙坚持了下来。

末了，范范对我发出了连番灵魂拷问：“你说那些工作狂人，几乎不睡觉，还生龙活虎、精力旺盛，他们是怎么做到的？不都是地球人吗？难道我跟 CEO 的差距是我天天睡得太多吗？我的老板怎么可以经常凌晨两三点在群里疯狂叫我，他以为我跟他一样不用睡觉吗？”

我赶紧说：“打住！你好歹也是新时代的资深网络冲浪选手，可千万别听网络上那些自媒体瞎说。”

一来，人类的基因天然存在巨大差异。有人每天只睡三个小时照样精力充沛，有人熬夜到很晚要缓冲一星期。简单粗暴地套用别人的生物钟，并不可取。

二来，在这个信息爆炸、注意力稀缺的时代，媒体为了流量和关注，不惜编故事造神。

长期熬夜容易猝死。

人生是一场马拉松，上半场拼脑力、拼眼界，下半场拼健康。普通打工人在工作之余睡好觉，休息好，做好精力管理才是王道。

——

不知道从什么时候开始，也许从发明了智能手机开始吧，熬夜越来越成为一种普遍的现象。有人贪玩，熬夜追剧打游戏玩手机；有人疲于奔命，为了支付家庭的各种账单而熬夜……

我在广告公司和互联网公司都工作过，在这两个行业，长期熬夜、长期加班导致猝死的事情并非罕见，时有发生。

在网上随便一搜，不乏类似新闻：

“21 岁女孩连续熬夜，诱发心肌炎、心律失常，被送进了 ICU。”

“32 岁男子熬夜加班导致心梗发作，住进 ICU。”

社会作为一个大集体，铆足了劲头奔发展。强调效率提升没有错，但个体在时代奔腾的洪流面前要保持清醒。你的生命只有一次，如果健康这个分母没有了，财富、地位之类的分子也就没了意义。如果生命没了，你再不能闻到一朵花的芬芳，再不能欣赏色彩斑斓的落日余晖，再不能敞开温暖的胸膛拥抱别人，再不能任动人心弦的旋律在耳边跳舞。

充足的睡眠是增强免疫力、保持健康的重要因素，充足的睡眠更是人生这趟列车平稳向前的必要条件。睡饱了，精神就好，皮肤也白皙有光泽，比吃什么营养品都有用。

《哈佛商业评论》曾指出，缺觉对人的影响不亚于酒精的作用，如果每天只睡四五个小时，持续一周，造成的影响相当于身体里的酒精浓度达到 0.1%，等同于酒精中毒，人的警觉力和判断力会被严重削弱。

所以，从现在开始，要重视起睡眠来，尽量保证每天七至八小时的睡眠。如果实在是工作繁忙，睡眠时间不够，至少我们可以利用“R90 睡眠法则”，即根据一个睡眠周期为 90 分钟的研究成果，用起床时间倒推出合适的入睡时间，从而提升睡眠的质量。

—

要想白天保证精力充沛，除了科学睡眠之外，还要做好自己的精力管理。

我采访过身边五六个精力充沛的工作狂，有外企高管、自媒体人、青年创业者等，发现他们除了热爱运动、健身之外，很早就有意识地系统地管理自己的精力了。

中学跳过级、二十一岁就大学毕业的 Adam，如今在外企工作了快十二年。他极为自律，晨跑坚持了六年，睡前冥想坚持了两年，出现在任何商务场合的时候，永远西装革履、神采奕奕。

他跟我说，他保持精力充沛的秘诀有三个：

第一，爱惜羽毛，爱惜精力，不断筛选社交圈，远离负能量的人。

第二，他把休息和恢复精力放在和工作同等重要的地位。他设定了属于自己的更灵活的“番茄时钟”，哪怕工作状态再好，也会保持每工作 45 分钟休息 5 分钟、每工作 1 小时休息 10 分钟的习惯。如果赶上公司开会拖了工作时长，他会在散会以后去楼顶吹一会儿风或喝杯咖啡，把错过的休息补回来。

第三，永远在精力高峰期处理最难处理的工作。每天上午十至十二点是他精力最好、最旺盛的时候，他会把最难处理的事情都排在上午，下午用来回复邮件、开会和处理简单的文档。

—

Violante 从互联网公司离职后，做起了自媒体。

她最开始是抱着“躺平”的心态入坑自媒体的，一口气在小红书、B 站和抖音三个平台都开了账号，幻想着凭借在传媒院校获得的传播学“基因”，随便拍几个视频、剪一剪、配配音乐就火了，以后在家里躺着接广告数钱就行了，再也不用“搬砖”、焦虑到连做梦都在复盘数据了。

但她这个美丽的白日梦在她做自媒体第二个月的时候就破碎了。

自媒体圈子里的“卷王”不比互联网公司少，甚至可能更多。在这个全民自媒体的时代，视频随便拍拍剪剪谁都会，但要真想把账号做起来，就必须头悬梁、锥刺股，铆足了劲头干。而她又是个“只要没睡好，白天就无精打采”的人，可已经辞职了，没有退路了。

想通了以后，她开始对自己的精力进行精细化管理，尽可能多干活、少熬夜。

她把自己日常所有的活动事项都列了出来，列满了一张 Excel 表，表格里覆盖了吃饭、睡觉、运动、追剧这样的生活日常事项和想选题、拍素材、剪辑、配乐、配字幕等工作事项。她先是花了三天，计算了每个单项所需的时间，紧接着又花了七天，测试了自己在每天哪几个时段的精力最好，之后又用了二十一天，适应“钟摆精力管理法”。

如果把人比作手机，人的精力就类似于手机的电量，在消耗之后需要及时地充能补给，才能保持最佳的运行状态。简单地说，“钟摆精力管理法”就是认同精力像钟摆一样，有自己的节奏，有高峰和低谷，而我们要顺应这种客观规律，以 60 分钟为一个钟摆周期去安排自己的工作与休息，每工作 45 分钟就有意识地休息 15 分钟。

她又根据“钟摆精力管理法”，把 24 小时分成了四个大的时间段，处理与之匹配度最高的工作。

早上刚起来，经历了一晚上的休息，人很放松，大脑也很清醒，她就安排“计划型”工作，例如列今天的工作清单，再排出优先级，一个个攻破。

睡好了以后，整个上午人的精力都比较充沛，她就给自己安排“创造型”工作，处理做内容策划、想选题、想标题之类的比较消耗脑力的工作。

在家办公，没有通勤压力，也没有 HR 暗中观察的“隐形压力”，吃完午饭以后还能睡一会儿补个觉，比大部分打工人已经幸福很多了。但到了下午，已经工作半天的她，就像只剩不到 50% 电量的手机，整个人还是感到很疲乏，工作效率和质量都会比较差。她就用这部分时间来处理“沟通型”工作，例如跟评论区的粉丝互动；回复粉丝私信；与内容和数据都很漂亮的小红书博主和 B 站 up 主私聊，向他们取经；跟还在打工“搬砖”的前同事们聊天，聊聊最近互联网圈子的八卦和风向，为自己的选题找灵感和素材。

晚饭以后，心态比较放松，她就安排一些“学习型”工作，经常边刷短视频边分析他人的账号经营，再不然就是一边跑步一边听电子书，给自己补充精神养分。

她也跟我承认，刚开始执行“钟摆精力管理法”那会儿，还是蛮痛苦的。人一旦呼吸过自由的空气，就很难再被管束了，那段时间，她的身体里每天都有两个小人在激烈打架：一个高喊“自由是福，能躺则躺”；另一个则为“自律给人自由”摇旗呐喊，恐吓她，再耗一年，等账户里的余额都花完了，还不是得回去“搬砖”，每日为五斗米折腰。

这一顿威胁让她清醒了，自律小人最终战胜了“躺平”小人。但她真正开始享受这种极端自律的状态，是在做出了两三个“爆款”视频、粉丝一口气涨到两万多之后。

她最后跟我总结，“自律给人自由”的观点有待商榷，但一个人若是能从自律的生活中得到利益或快乐，这种自律一定能长久。

对此我十分赞同。

—

我经常收到粉丝在微博和公众号后台的留言，经常有人问：“林夏，你是怎么当上斜杠青年的？”“林夏，你之前又工作，又写作出书，当过访谈节目的主持人，也当过策展人策划过画展，这么多事情，你怎么兼顾得过来，怎么有那么多精力？”

大部分人每天光是上班就已经耗尽了一天的能量，这是事实。

我想，可能唯有热爱，方能持久。做事精力旺盛、充沛的前提是你热爱你当下正在做的事情。有了这个前提，每一天都充满了希望，每一天都想比前一天做得更好、更出彩一点。

文长长

比起既往不咎，人们更喜欢风水轮流转

在战斗中学会战斗，

在解决问题的过程中学会解决问题，

在善妒与爱比较中学会掌握让自己舒服，

也不会冒犯别人的“度”，

在某种不舒服的情绪体验中训练自己的能力。

若真的很羡慕别人此刻拥有的一切，

那就去争取，去努力，去朝着想要的远方一点点前进，

靠努力、靠勤奋、靠聪明才智让自己也拥有那一切。

与其羡慕，不如成为。

—

那日，专栏编辑给我发来一个问题：如何减少无意义的比较？她说：“很多人很想知道这个问题的答案，你写一篇文章吧。”

我回她：“可能我也没办法回答这个问题。我必须坦承的一件事是，尽管在日常生活中，我尽可能地让自己做一个体面、大方、很多事不计较的大人，但我骨子里其实是一个善妒，且很要强的人。”

她说：“那你刚好写一写你在这件事上的自洽过程吧。”

于是，就有了接下来的思考。

—

可能我接下来说的这段话会被大家骂，但我还是要说：

很多时候，我没办法发自内心地为身边人的进步开心。如若这件事身边人做成了，我没做成，我会难过，我会羡慕，甚至会有点嫉妒别人的聪明与能干；如若这件事我做成了，身边人也做成了，我在开心之余也会有很多紧迫感，“原来大家都很厉害，那我要更加努力，更加用心，我一定要在下一件事上比他们做得更好、更突出”。

我总是会忍不住在一些事上跟身边的人比较。他们没做成的事，我偏偏要做成；他们做成的事，我就要比他们做得更好。我就是希望我能比身边的人再优秀一点，再厉害一点，再突出一点。

我知道，我的这些小想法很龌龊，也很不大度。但我就是没办法成为那个坐在一旁为别人的成功真心鼓掌的人。

少女时代，我也曾讨厌过自己这种爱跟人比较的性格。毕竟我们从小接受的教育就是不能嫉妒别人，嫉妒这种心理不好，以致很长一段时间，每次看到身边原本跟我差不多的人进步很大，我在内心一边暗戳戳地因他的进步、我的原地踏步难受，一边自我责备："你怎么这么小心眼？你为什么就不能为别人的进步开心呢？"

有了这种复杂的情绪，我没办法跟师长、家人、朋友诉说。

少男少女们都想成为别人眼中闪亮且有着优秀品质的"好人"。他们不喜别人说自己善妒，也不敢大大方方地承认自己的这种嫉妒心理。于是，干脆把自己的这份爱与别人比较的"善妒"藏起来。

——

我带着这份藏起来的嫉妒走了很久，一边切切实实由那份"爱比较，不甘落后"的心带自己走了好远，一边又真切地厌恶着总爱跟人比较的自己，把自己的性格里爱比较的那部分当作无法征服的恶魔。

就这样过了很久。

直到有一天，我回头看了眼身后，望着过去自己翻越的一座又一座难爬的山，看着手里摘得的一个又一个闪耀的果实，看着身边早就换了一茬又一茬的同行者，想起那些原本走在我的前面但现在远远被我甩在身后的人，我突然原谅了那个善妒且好强的自己。

我知道，像我这种资质平平、不够聪明，也不够漂亮的普通女孩，如果再没点喜欢跟别人比较的不甘与心气，是根本走不了多远的。

在因为要强而向生活要到一些东西后，我突然接受了这个没办法坐在一旁真心为别人的成功而鼓掌的小文。是的，我就是不甘心此刻只是坐在这里为别人的成功鼓掌，我就是不小心又拿自己和对方比较了一下，我就是突然觉得此刻自己拥有的好像也没那么好了，我也想拥有站在台上的人拥有的那些更好、更闪亮的东西。

对呀，我就是羡慕他们，我也想成为他们，向往变得更好有错吗？

当我正视自己，认清了自己偶尔会忍不住想跟人比较这一脾性，且接纳了这部分自己后，我很少再为“与人进行无意义的比较”这件事难过了。

这份想要成为像他们一样厉害的人的心念，从头到尾都没有错。我们要做的就是妥善安放自己的这部分情绪。

——

我后来慢慢学会了与爱与人比较的那部分自己相处，不再厌恶与排斥它，而是接纳它。

首先，正视自己，认清自己的欲望，接纳自己，好好与自己内心的那头情绪野兽相处。

承认在这世上就是有些人比此刻的自己优秀，承认自己性格里的确有一部分不被世俗接受但也不算坏的东西，例如善妒，例如好强，承认自己并不是那么完美的人，而后，好好驯养自己内心这头野兽，允许自己成为坐在旁边替别人的成功鼓掌的人，也要允许自己野心勃勃，允许自己不甘心，不服气，站出来，带上实力和努力去跟自己不服气的人一决高下，允许自己想要成为因成功而得到别人掌声的人。

其次，学会沉静下来，安静地做好自己的事。

时刻告诉自己：别人获得了什么，都跟我们没关系。别人拥有再好的人生，那也是别人的，与我们无关。

一味地比较，并不能让我们也拥有那一切。

若真的很羡慕别人此刻拥有的一切，那就去争取，去努力，去朝着想要的远方一点点前进，靠努力、靠勤奋、靠聪明才智让自己也拥有那一切。

“与其羡慕，不如成为。”

这是我很喜欢的一句话，送给大家。

——

把放在别人身上进行比较的注意力收回来，放在自己的身上。学会让自己沉静下来，安静地做好自己的事。多关心自己内心的真实感受，关心自己要如何做才能抵达想要去的远方，关心今日要如何吃饱喝好以及如何取悦自己。

这些事都比无意义地与别人比较更有意义。

慢慢学会在不安中获得与不安相处的方法。偶尔，还是忍不住想跟人比较，还是会因为与人比较而难过，怎么办？

去接受那部分让你不舒服的东西，这也是成年人必修的一门课程，更何况那部分不舒服还是我们自身暂时能力不足、心性修炼不够造成的。

也许会时不时难过，时不时怀疑自己，时不时觉得当下的日子太难度过，这些都是正常的。

在战斗中学会战斗，在解决问题的过程中学会解决问题，在善妒与爱比较中学会掌握让自己舒服，也不会冒犯别人的“度”，在某种不舒服的情绪体验中训练自己的能力。

“和自己的情绪做朋友”这个人生课题，不是哪个人说的哪句话就能解决的，你得自己去学，去体验，去感悟。我能告诉你们的是：别怕，我们都是这样慢慢长大的。

——

总有那么一天，你们也能淡定地说：“我年轻时也因爱和人比较伤了些元气，但我现在不会为之焦灼了，因为我知道，无意义地比较只会费心伤神。”

比起无意义地比较，沉住气，脚踏实地，走稳当下该走的每一步更加有用。

最后，偷偷告诉你们一个有点“坏”的秘密：治愈爱跟人比较这件事最好的办法是，嫉妒谁就超越谁。当有一天，你比那个曾经让你很介意的人过得更好，你的嫉妒自然消失。

不必比较，直接去超越吧。

闫晓雨

如果事事都如意，
那就不是生活了

我发现，当我把全部精力放在提升自我、去做自己喜欢的事情以后，

我的生活发生了很大转变，我不再对未来充满恐惧，

每一步都走得很踏实，我的心也变得更强大了。

想做喜欢的事情又想赚钱，怎么办？

想赚钱，就别矫情；想做喜欢的事，就别太在意其他。

先满足生存，再追求生活。

一

我在二十出头的时候很不喜欢自己。

那个时候的我，自卑、矛盾、清高又混沌，其实是可爱的，但因为过分喜欢矫饰自己的真心，会显得有些浮躁和不够真诚。

整个人都处在一种特别拧巴的状态，无论是工作、生活，还是感情。

明明不适合那份工作，为了证明“我可以”，崩溃也不甘放弃；明明有自己的想法，却总是不敢表达，习惯在人群中做个烂好人；明明是喜欢对方的，却在对方靠近时顾左右而言他，永远以一副刺猬的姿态在感情中戒备前行，伤人伤己，不懂温柔。

可能许多女孩都有过这样一个阶段吧：

过分敏感，讨好型人格，害怕别人不喜欢自己，总是在纠结和焦虑中惶惶度日，无论做出什么选择，自己都不能满意。

这些奇怪的、微妙的情绪拉扯，本质上是由于我们缺乏自我认同，迫切地想要一个标准答案，却忘记了，生活这张卷子，本就没有标准答案。

坐在这里写这篇文章时，我进行了反思：自己为什么多年来时常处于一种极度拧巴的状态？

总的来说，还是因为太贪心，什么都想要。

“既要……还要……”是人生常态，但你必须知道，如果我们的手不能牵住喜欢的人、去做喜欢的事，它就会被其他东西占满，从享受变成负担。

—

前几天，我去见了一个前同事。他刚开始创业，由于他的产品定位刚好是25岁左右的年轻女性，他就和我在饭桌上展开了比较深入的聊天。

听完我的一些叙述和想法，他很惊讶，把面前的红糖糍粑往我这边推了推说：“我一直以为你只是喜欢吃喝玩乐，喜欢读书、写字，没想到你还在商业上有这么多奇思妙想，分析得还蛮精准，我很受用。”

我不好意思地摸摸头。

他不了解我，大概是因为之前做同事的时候，虽有工作交集，但我们不在一个部门，我在品牌部，对方在设计部，工作没有紧密联系。

而且回想起那段工作经历，我并不是一个主动说出自己想法的人。尽管经常开会，经常进行头脑风暴，但每次大领导提出议题时，我都会吞吞唾沫，把内心的许多创意和灵感都压抑下去。我害怕举手，害怕大家把目光都聚焦到我的身上，我宁可浪费那些想法，也不愿意在公共场合表达。

这种心理往前追溯，中学时代便已有雏形。

——

我习惯在群体中做“透明人”，害怕老师点名，偏偏又是老好人的性格，每次课间休息，同学喊我去厕所、去小卖部，我都不会拒绝，经常整个课间都来回奔波在陪不同朋友的路上。

长大以后，这种性格在人际关系和亲密关系里表现得更加明显：害怕拒绝别人，不敢主动说出自己的需求，经常被动去做一些本身没那么喜欢的事情。

有时候真的感觉很累。

这种状况直到最近两年才有所好转。渐渐地，我好像从过去那种黏稠的性格里走了出来，现在的我多了一些干脆，虽然还不够果决，但总算能做到表里如一了。

面对朋友的邀约，如果和工作有冲突，我敢主动说我们下次再约吧。我不再强迫自己做不适合的事情，如果必须做，就毫无怨言，全力以赴。和喜欢的人在一起时，如果对方有让我不舒服的细节，我不会再在“掉脸子”和佯装“我没事”之间阴晴不定，而是会大大方方地说出自己的真实感受，让我们可以在彼此面前完全做自己，这样反倒很少吵架。

我真的很喜欢这样的生活状态。

这几年，我们生活的世界越发动荡，大环境带给个体惊雷般的冲击，这些现实作用在每个人的身上，产生的感受各不相同。

我最大的感觉是，从 2019 年年底开始意识到，时间和生命都是有限的，人间烟火也许转眼就成过眼云烟。

我们的寿命、我们的精力、我们的爱和能量都是有限的，所以有什么必要执着于那些不重要的人和事呢？

为什么不痛痛快快、酣畅淋漓地为自己活一场？于是，拧巴的我开始学着放下，学着把全部注意力转回自己身上。

大家抵抗的所谓平庸生活，其实恰恰是我们应该重新审视和认真对待的生活。是所有的经历和感知，调动着我们对这个世界的好奇心。

我不再和内心的那个小孩赌气。

现在的我，只想争分夺秒，去爱，去体验，去做一点有意义的事情。

——

生命其实是一个闭环，无须摇摆，过好当下 。

你们知道，我的前两本书都是围绕个人成长写的。那是我最焦虑的几年。

网络上铺天盖地都是“你的同龄人正在超过你”之类的说教，一眨眼，发现身边朋友的成长速度都太快，好像自己怎么努力，都跟不上——那个时候的我一想到这些就焦虑得睡不着觉，总觉得自己很无用。

现在偶尔也会这样想，但不会沉浸在焦虑里了。

会很客观地分析，毕竟大家的成长背景不同，会给优秀的朋友送上真心祝福，同时向对方取经，不会再认为某某运气很好，也不会再轻易评判别人的选择，把所有他人的案例都当成平行时空里的一份镜像参照物——仅仅是辨别和消化吸收，不会再被外界轻易干扰。

别人的生活只做参考，不会影响到我的生活。

我发现，当我把全部精力放在提升自我、去做自己喜欢的事情以后，我的生活发生了很大变化，我不再对未来充满恐惧，每一步都走得很踏实。

我的心也变得更强大了，想做喜欢的事情又想赚钱，怎么办？想赚钱，就别矫情；想做喜欢的事，就别太在意其他。

先满足生存，再追求生活。

怎么恋爱才能让自己更舒服？不要觉得付出很傻，也不要觉得被爱就理所当然。

距离理想人生还很远，对自己不满意，怎么办？自信的人生，就是要允许自己偶尔自卑。想要过上理想中的人生，就先去经历一大段备受煎熬的时光吧。

没有足够坚定的信念，你的努力难以有效。

—

前几天，读书会的小伙伴小九问我："你会不会有时候因为写不出东西而格外焦虑，感觉自己仿佛是在浪费时间、浪费生命？"

"当然会啊。"

这样的情况，作为一个自由职业者，我经常遇到。

人最烦恼的就是当下的自己无法匹配理想中的自己，却又不肯放过自己。

你想裸辞，但又担心失业后找不到更好的工作；你谈了一段不合心意的恋爱，每每对方触到你的雷区，你都感到懊恼、后悔，却又狠不下心来及时止损、离开这个人。

所有这些问题，根本上只有两种解决方式。

一种是"恢复出厂设置"式，彻底离开这个人、这份工作，放弃它；另一种是主动经营式，主动找办法解决眼前的难题，攻克它。

就像我没有灵感写不出东西，要么就去努力做事，要么就选择彻底躺平。有时候把焦虑和痛苦的时间用来好好休息，也远比抓耳挠腮、沉浸在胡思乱想里要强。

拧巴的人活该不快乐。每个人的性格都有尖锐的一面，但每个人同时又有脆弱的一面。

我们要做的是，不遮掩自己的脆弱、失落，也无惧戳破这个世界的真相，带着你的勇气，大大方方地做自己吧。

遇到事情，能解决就解决，解决不了就放弃。

尽管你知道，做自己，总会有人喜欢你，有人讨厌你，你还可能失去一些东西，但比起“成为自己”，那些都无关紧要。

陶瓷兔子

做你自己想做的，
不用在意“别人会不会给我点赞”

不用考虑“做这件事有什么用”，

也不用在意“别人会不会给我点赞”，

那是我们真正能与自己共处的时刻，

借由那些被虚度的、无法言说的片段，

得到细微的喜悦和宁静。

那或许也是一个人真正与生活握手言和的标志，

回归最普通庸俗的日常，并且不以为委屈或耻辱。

—

过年聚会的时候跟朋友聊天，出现频率最高的词是“倦怠感”。

倒不是什么也不想做，而是明明朝九晚五，老板布置的每个任务都认认真真完成，但也不过是完成任务而已，不排斥工作，但也爱不起来。

花半个多小时精心修饰照片，在朋友圈发出应景的九宫格，但看着一个又一个点赞的红心冒出来，内心却丝毫不起波澜。包也买，眼霜也买，车子也买，房子也买……历尽千难万险终于集齐了传说中的“七龙珠”，可名为快乐的“神龙”却还是迟迟不肯来。

一位今年刚买了近四百平方米小别墅的女性朋友发出了一句感慨：“还是怀念当年那拥有一套四十平方米的小公寓就兴奋一年的日子啊，现在买了别墅，也不过高兴几个月而已。”

之前攒钱买别墅，生活有奔头，现在没了想完成的目标，不知道每天那么拼命到底是为了什么。

不仅是她，所有人的快乐阈值好像都在不断提高。从前面对360P的电视，看剧也津津有味，现在面对1080P的大宽屏，却也感觉和以前没什么两样。

对第一次被老板表扬时那满满的成就感记忆犹新，而之后一次又一次获得升职与加薪，对它们的感觉却变得越来越模糊。

—

但也不是拥有的越来越多才变得麻木，目标缺失才最要命。

大多数人的一生，都是由一个又一个目标组成的。

14 岁的目标是月考成为全班第一；16 岁的时候，心心念念要考上一所名牌大学；22 岁为找到一份好工作而努力；25 岁时满脑子都是加薪升职；30 岁之前买房子车子，然后换更好的车子、更大的房子……

这些看似庸俗的目标和时间点，一度成为我们某段时间的全部意义，支撑我们度过大片的迷茫。可打怪打到最后总会完结，放眼望去，前路没了路标，也没了进度条，只剩下白茫茫的一片。

怎么不让人心生倦怠呢？

一生都在苦苦收集一颗又一颗小石子，好不容易渡到了渴望已久的彼岸，却发现彼岸只有一片虚无。而更年轻一些的“00 后”孩子，对倦怠感的体验也许更早。

由于财富积累加速，我认识的朋友里，有许多拥有不止一套房产。

我无法回答外甥女“赚了钱又能干吗”的问题。没有压力，也就没有动力；没有负担，也就没了成就感。

“你可以成为你自己呀。”这句话在我的嘴边翻来覆去滚了几滚，却始终没能说出口。

谁不知道这个道理呢？

可“自己”是什么？到底怎样才叫“成为自己”？

目标缺失而产生的迷茫和不快乐，早已不是某个人或者某一群人的事，它逐渐成为所有人生活的常态。

——

我跟一些朋友聊过“享受”这个话题，发现包括我在内的大多数人对“享受”的想象力都非常贫乏。

不是用最舒适的姿势躺在两米宽的大床上，用最清晰的屏幕看最新的综艺，就是说走就走的旅行，到全球各地的景点打卡；不是买一件天价珠宝首饰犒劳自己，就是点年份最老的酒，住最贵的酒店，去最有名的餐厅吃饭。

发现了吗？

这些对“享受”的想象都是一次性的，完完全全跟日常的普通生活割裂开，更像是一种释放或标榜。

可无论是释放还是标榜，都会让快乐的阈值进一步提高。刺激来得越频繁，强度越高，你对快乐的感知力也就越弱。越放纵，越感到无趣，像是一个找不到出口的两难之局。到底什么才是真正的享受，是我想了很久都无解的一个问题。

二

前段时间，天气回暖很快，小区里的梨树和桃树竞相开了花。我跟风在花事最盛的时候拍了不少照片，自觉已经留住了这个春天最美的风景，也就理直气壮地视若无睹了。

过年放假，我出门的时候看到一个小姑娘蹲在一棵梨树下发呆，蹲累了挪挪脚，偶尔戳一戳草里的蚂蚁洞。

我走的时候才中午一点，回来的时候已经是下午四点左右了，小姑娘还在原地蹲着。出于好奇，我问她："你在干吗？""我在等花开呀。"她笑眯眯地回答我，慷慨地跟我分享着她的发现。我顺着她的手指，在一层层茂盛的梨花中看到了一个大概是我的拇指指甲盖那么大的花苞。"我中午发现'小月亮'的时候，它还只有一粒大米那么大呢，但你看，它现在马上就要开了。"小姑娘兴冲冲地给我比画。

居然还给这个花苞起了名字啊，我差点没忍住笑出来。我又盯着她的"小月亮"看了好几眼，那个花苞不比任何其他花出众，它也会很快凋零，或者被一夜北风吹落。

"有什么意思呢？"我的脑子里迅速闪过这个念头。可在上楼的时候，我又因为这个念头产生了些许惭愧。

——

我们早就没了那种花好几个小时，什么也不做，静静等着一朵花开的耐心了吧。在我们衡量万物的尺度中，那不过是一件无用之物而已，既不能让我们长知识，也不能让我们变得更厉害，就连拍个好看的小视频发朋友圈都做不到。

可正是在这些花在日常无用之物上的，因为少有人迎合而显得很私密的时间里，我们得到了真正的享受啊。

不用考虑“做这件事有什么用”，也不用在意“别人会不会给我点赞”，那是我们真正能与自己共处的时刻，借由那些被虚度的、无法言说的片段，得到细微的喜悦和宁静。

永远被成就感驱动，那多无趣呀。

希望我们都有等一朵花开的耐心。

林夏萨摩

30 岁的姐姐，早就不用美颜相机了

如果我们认同年龄不是界限，不是问题，

那么当我们因为别人猜的年纪比我们实际的年纪小，

当我们因为皮肤或身材看起来显年轻，

当我们因为“显得年轻”的虚荣而快乐的时候，

我们在内心深处，在本质上，

还是在认同年龄是个很重要的标尺。

—

前段时间，天津出现了极为罕见的糙面云，诡谲神异，如巨兽嘶吼，又像是末日电影里的场面。

接着，上海的云似乎也不甘示弱，立体磅礴的云迅速地翻腾移动，仿佛天庭有什么大事要发生，一群睡过头的神仙驱着各自的坐骑，着急忙慌地往凌霄宝殿赶。

前天在静安寺吃鸿姐老火锅，三个人，下午 6 点 30 分左右到达，一直等到将近 10 点才吃上。

我人生第一次花三个多小时排队吃一顿饭。

依我的性格，平常绝不会为了一顿饭等那么久，哪怕那顿饭人均五位数且有好友埋单。但那日很神奇，我们三个人坐在等候区的折叠椅上傻等着，喝奶茶，聊天，时间很快就过去了，除却洗手间在火锅店对面楼的 6 楼，着实不便，并没有什么不愉快。

听维克说他最近的生活，聊他跟他老爸之间发生的琐事；听安小姐说前阵子她去四川一座庙里做义工的经历，她下山以后对吃没有太强的欲念了，重新适应了一段时间才开始再度吃荤。于是乎，三小时拉长到一年，平淡如烟的日子在耳朵竖起的瞬间鲜活起来。

一个人住，我的烟火是一个人的烟火，我喜欢看看他人的烟火。

可若现在真让我跟人合租，或跟男朋友一起住，或者搬回去跟家人一起住，我又不愿打破这份寂静。一个人住，宽心自在。当我沉下心来写作的时候，我不喜欢被打扰；当我沉下心来思考人生的时候，我喜欢一个人安静地待着。而那份沉下的心，有时又会胡乱蹦跶，令人捉摸不透。

——

繁华的静安寺，一段不算狭长的U形小巷子里，斑驳的灰色墙面，暗红色的遮阳篷，缀满LED灯带的大招牌，让人一瞬间仿佛置身于香港旺角，但又没那么逼仄。

我坐在那里看人来人往，有人穿印满大片娇艳花朵的旗袍，有人穿凉爽的吊带，踩着人字拖，还有人穿什么我记不清了，只记得大面光洁的背、轻佻艳丽地吐着烟圈。有好几个恍惚的瞬间。

好像《花样年华》中光彩夺目的苏丽珍，拎着保温饭盒，袅袅婷婷地过去了，好像《阿飞正传》中风流倜傥的阿飞，扭着腰肢在跳舞。

我习惯性地低头看手腕，没戴手表，但时间早在手腕上转过了无数圈，流走了。

大抵思维太过发散跳跃的缘故，我对时间的流淌总是感到很恍惚。生日蛋糕上只插一根蜡烛，从来不会刻意想自己今年过的是几周岁的生日。如果不是不断被日历、身份证、手表、工作排期、验血报告单上的年龄提醒，我对自己多少岁更加没概念。

随着工作发展，我接触的人背景和层次都更加丰富，各有跌宕的故事，各有欢喜与焦虑。

从去年开始，我所交朋友的年龄跨度越来越大，还认识了一个70多岁的阿姨。虽然大家的思维方式、语言习惯与当下关注的重点各有侧重，但我平常跟他们聊天谈事情，也完全没障碍。

想起来很久之前有人问我为什么那么喜欢吃火锅。

我下意识地重复了一遍他的问题："为什么喜欢吃火锅呢？当然是因为火锅好吃又包容啊。"

热气腾腾，鲜活包容，包罗四时珍味，包罗八方好友，包罗人间烟火，姿态万千。可能我那么爱火锅也是因为我很贪心，潜意识里想成为一个像火锅一样包容万千、被很多人喜欢的人吧。

——

我经常在朋友聚会上被新认识的朋友问年龄，我喜欢反问一句："你猜呢？"

答案五花八门，从25岁到30岁不等，都比我的实际年龄小。有一次Diana帮我算塔罗，也说了一句："你完全不像30多岁的人，你跟我一样，灵魂年龄只有18岁。”

她是真的18岁，我再厚脸皮，也只能夸自己永远28岁。

但女人嘛，你懂得，被人猜年纪小，就像被人夸聪明能干又漂亮，嘴上谦虚，心里却美得冒泡泡，虚荣心得到满足，肯定是开心的。

只有一次，再度跟我原来的老板在一起吃烧烤，他来上海见投资人，还带了个朋友过来。那个男人坐在我的对面，一开口就猜我是35岁。我说："你眼光很毒啊。"

第一次有人猜我的年纪往大了猜。

事后他特地来跟我道歉，说："林老师，我那天是开玩笑的，回去以后就被批评教育了。"

我说："没什么啊，我本来就是30多岁的人了，那三十一二岁和三十五六岁又有什么差别呢？"

事后，我反思了"年龄感"这件事情。

去年朋友来上海"组局"，订了滨江大道那边的餐厅。在饭局上认识了一个艺术家，我们喊他林老师。他是台湾人，实际上快60岁了，可看起来只有30多岁，皮肤、身材和精气神都保持得极好。

饭桌上，他跟我们提出了"无龄族"的概念，就是不被年龄限制的人。做个"无龄族"很开心，能打破很多人生限制。

简直是醍醐灌顶。

对啊，为什么要被年龄数字局限？为什么要在意那个数字？自自然然地让时间流淌，让生活流淌，让故事流淌，恣意地度过人生，不好吗？

转眼到了今年，我的想法又变了。

如果我们认同年龄不是界限，不是问题，那么当我们因为别人猜的年纪比我们实际的年纪小，当我们因为皮肤或身材看起来显年轻，当我们因为“显得年轻”的虚荣而快乐的时候，我们在内心深处，在本质上，还是在认同年龄是个很重要的标尺。

相反，如果我们从心底认为，年龄不是什么大不了的事情，就根本不会有这些高低起伏的情绪。是 18 岁，怎么样？是 28 岁，怎么样？是 38 岁，怎么样？是 88 岁，又怎么样呢？

都无所谓啊。看起来嫩一点，跟看起来老一点，又有多少差别呢？比身份证和户口本上的数字更重要的东西，不是这个人的思想和灵魂吗？

——

此刻，我过了生日，吃了蛋糕，喝了点小酒，睡在好友小花家了。

在一口气写完这篇文章的时间里，小花和她男朋友正在厨房里做饭给我吃。当然，小花的男友才是主厨，小花帮忙打下手。这顿饭荤素搭配，有牛肉和虾，味道很棒。

虽然把时间快进到2022年，我依然是个“单身狗”，但幸运的是，身边总有让我蹭饭的女朋友。我去月姐家蹭饭，去袁袁家蹭饭，去米亚家蹭饭，去竹园家蹭饭，去乔夕家蹭饭，去小花家蹭饭……被爱是幸福的，所以我很幸福。

我依然贪心，依然期待拥有专属于我一个人的爱，期待更多的爱。

我爱时间在生命湖泊上落下的每一片朝阳灿烂、每一片落日余晖。

徐多多

——

生活的可爱之处在于，
它早晚会给你甜甜的恋爱

——

命运会排除万难，让你和对的人相识相爱。

之前有个对你忽冷忽热、和你反复拉扯的人，

之后就会还你一个大小事都和你说、

你不用很厉害他就很爱你的人。

不管你曾经被伤得多深，你又多么笃定不再相信爱，

还是会有个人出现，让你从此又开始相信爱。

—

几乎所有把全部希望都寄托在另一个人身上的人，到头来都会发现那个人不值得托付。

冰冰和男友在一起四年，她一直以为毕业之后就能步入人生新的阶段。没想到毕业前夕，男友向冰冰提出了分手，原因是他没有信心坚持异地恋。结果两天后，他就在微信朋友圈里官宣了新女友。

每个人都有最艰难的一年，对冰冰来说，那一年就是最艰难的一年：工作尚无着落，爱情长跑以悲剧告终，生活压力剧增……她感觉自己要疯了，一度认为生活中所有的不顺心全都拜失败的爱情所赐。

人被逼到走投无路时，往往会爆发出惊人的潜力，冰冰很快找到了工作。工作稳定，生活慢慢有了起色，一切都回到了正轨。

至于爱情，她暂时还不想纳入人生规划。其实冰冰不是那种失恋过一次就不再相信爱情的人，只是上一段感情不顺让她变得更在乎自己的感受。

她恋爱时经常劝自己：这件事就翻篇吧，对这种事不需要在意，这个时候不生气也可以……现在单身久了，对爱情的要求反而越来越高。可能是因为能一个人过得开心，就没必要为了更多一点开心而拿好多伤心去交换。

朋友们感觉她在封心锁爱，忍不住要帮她撮合撮合。

“你到底喜欢什么样的？”

“嗯，身高最好在一米八以上，要瘦，帅也是必须的，要把衬衫穿得挺拔又随意才好，别染发，别小肚鸡肠，还要爱吃爱玩，要有爱心。最好是本地人，我可不想再听什么异地恋的借口。要有上进心，工作起码得在世界五百强公司吧……”

“别说了，别说了，你这也太挑了吧！”大家纷纷吐槽。

“爱情本来就是万里挑一啊。”

用冰冰自己的话说，连去超市买青菜，也需要多选几下啊，怎么到了选择另一半，就不能挑一下呢？爱情不就是需要通过各种考验，为自己过滤出既能一起生活又能相爱的人吗？

虽然嘴上不承认，但冰冰心里很清楚，她相信爱情，同时也相信爱情并不会发生在自己身上，所以才会定下一大堆看似离谱的条件来掩饰自己内心真实的“不想”。也遇到过符合条件的男生，有钱有颜，够高够自信，冰冰也觉得很合适，想努力维系与对方的感情。一个人生活太久，有点腻了，可一旦决定谈恋爱，又开始想念一个人的日子。总之，其他任何事情都比跟对方约会更重要，好像一个人看书、上网甚至是发呆，都比跟他在一起更有意思。

这段恋情又是不了了之。

不够喜欢一个人的时候，才会永远有一堆优先于对方的事情。

真正喜欢一个人是什么感觉呢？像是突然有了软肋，也突然有了铠甲。其实，还不止这些。你会变得很有时间，总想每时每刻都和他在一起；你又好像变得格外小气，哪怕他对着别人笑一下，你都要在心里计较很久；你会变得无限宽容，好像他的任何缺点你都能忍受；你又显得超级刻薄，对于他欣赏并且喜爱的异性。

这些冰冰都没有感受到，于是，她一边渴望被爱，一边做好了长期单身的准备。

万万没想到，公司招聘，竟然在茫茫人海里招到了冰冰现在的男友烁海。

—

生活的可爱之处就在于，你永远不知道在哪个路口、哪个转角，会碰到什么样的人，不经意的一眼就改变了一生。人生总有意想不到的美好时刻，有时候追寻这种时刻，就感觉人生很值得。

朋友们都好奇，到底是何方神圣俘获了冰冰的芳心。

烁海目测身高最多一米七三，还被质疑穿了内增高的鞋，身材微胖，长相只能算端正，和冰冰在一家公司，当然不是世界五百强，可能唯一符合当初冰冰所列标准的就是本地人这一点。

那就奇怪了，冰冰是怎么让他过关的？

大概许多感情都是建立在共同的兴趣爱好的基础上，冰冰喜欢看电影、摄影、旅行、美食，刚好这些烁海也都很喜欢。

起初，冰冰对烁海也没什么印象，他就是一个不高不帅又不爱说话的新入职员工。

他们的第一次正式交集源于一场突发电梯事故。当时同乘电梯的只有两个人，一个是冰冰，另一个是烁海。正在运行的电梯忽然停下，灯也灭了，那一刻冰冰的心跳仿佛跟着停了下来，各种可怕的新闻事件涌进脑海，更让她感到惊悚的是，冰冰偷偷看了烁海两眼，发现他呼吸急促，浑身发抖，额头上冒着冷汗。

“你怎么了？”

“我好像有那个……幽……幽闭……恐惧症。”烁海声音颤抖。

这下糟了！冰冰忘了自己也害怕，不停地劝他要冷静、深呼吸。她完全不知道应该怎么帮助他，只能不停地说着闲话，问他的名字，问他的部门，问他平常负责什么工作、有什么爱好……

还好，维修人员很快就赶来了。

当电梯门打开的一瞬间，冰冰如释重负地回头看烁海，没想到烁海像没事人一样，正笑呵呵地看着她。

“你没事了？”

烁海抓了抓本来就有点凌乱的头发，露出一口洁白的牙齿，不好意思地说："对不起，我看你那么紧张，想安慰你，又怕你把我当作坏人，只好想出这个办法来分散你的注意力。"

冰冰真是又好气又好笑，不过，她也因此记住了烁海。

自从电梯相遇之后，他们又遇到了无数次。

挤地铁的时候，烁海随着人潮移动，那么多人，而且烁海的脸是最平凡的，可冰冰还是一眼就看到了他；在食堂吃饭时，餐厅涌进来许多戴着一样工牌的人，冰冰随便瞟一眼，目光便落到了他的脸上。他远远地挥挥手，她觉得他是在和她打招呼；他隐约上扬嘴角，她觉得那是在对她笑。

那一天，他们又在电梯里相遇。烁海说很喜欢冰冰，希望他们可以在一起。

冰冰愣了一下，问："你这算表白吗？"

烁海傻笑着点头。

冰冰有些生气地说："你一定要在电梯这么不浪漫的地方表白吗？"

烁海却一本正经地说："怎么不浪漫了？你不记得这部电梯了？它是我们的媒人啊，没有它我们就不会相识。冰冰，那天我自己吃火锅，有一半菜都没吃完，当时我一下就想到你，有你在，肯定连渣都不剩。我每天睡醒了会第一时间想起你，忙完了也会第一时间想起你，总之，无时无刻不在想你。我想和你一起吃火锅，想和你一起做很多有趣的事。这么说吧，我如果只有一块蛋糕，也会给你。”

听到这段“奇葩”的表白，冰冰真是哭笑不得，但她也很感动，当时就同意了。两个人下班之后真的去吃火锅了。

点菜的时候，阿姨问烁海：“女朋友啊？”

“怎么看出来的？”

“你的眼睛在发光啊。”

话怎么说都行，真假难辨，可唯独眼神不行，一个人爱着另外一个人，眼神是藏不住的。

华丽辞藻可以抄，恋爱技巧有人教，判断一个人是不是真心喜欢你，就看他的眼睛，喜欢你的眼神一定是坚定并且发光的。爱意会随着目光流露出来，瞳孔里是他的世界，你就在世界的中心。语言和行为可以违背自己的意愿，但眼神是直达内心、骗不了人的。

—

有一天，烁海问她：“你心目中的完美男朋友是什么样子？我看看能不能努力达到。”

冰冰回答：“很简单，‘三高’：高颜值，高学历，高个子。”

烁海一脸的不可思议：“这……你是不是想换掉我？”

冰冰故意扭头不说话。

烁海又小心翼翼地问："那你是怎么看上我的？"

"可能你刚好丑得很另类吧。"

烁海大惊，冰冰笑得差点儿趴在地上，然后她说："可能是因为在你身边我可以完全做自己。"

爱是很玄的东西，明明不是自己喜欢的那种人，却偏偏成了自己喜欢的那个人。

原本你不喜欢工作狂，觉得那样的人过于死板，可你喜欢的那个人偏偏是一个视工作如命的人，他专注的样子好迷人；原本你不喜欢沉默寡言的人，觉得那样的人肯定很无趣，可你喜欢的那个人偏偏是文静型，你们在一起即使是安安静静地坐着，也从来不会厌烦；原本你不喜欢某个地方的人，不喜欢某个星座，不喜欢某种发型……后来发现，在喜欢的人面前，这些统统不算数。他好像拿着万能卡，闯进你的心里，你毫无招架之力。

想起一句话："不好意思，爱上你是个意外。"有的爱情蓄谋已久，有的爱情纯属巧合。而巧合，何尝不是另一种命中注定？

人和人的缘分就是这么奇妙，在各种巧合之中，让人怦然心动。爱是无意间的，是偶然遇到的，是碰运气。有的人很幸运，早早遇到了能够相互陪伴的人；有的人运气不好，但也不必太着急，最终总会遇到。

无论是爱错人，还是错过人，都不要惊慌失措，不要因为一段恋爱失败就不敢再去爱。

可怕的不是希望的未来都没来，也不是期待的日子都石沉大海，可怕的是你再也不敢为了谁打破所有计划，更改出发的航线，面对孤寂的海平面，说着奋不顾身有多蠢，可怕的是你举着写有“理想伴侣”的接机牌，却被路人扬起的风尘沙石迷了眼睛，困惑了心。

谁都逃脱不了爱情的折磨，但你要相信合适的人总会在合适的时间出现，也总会有人因为你本来的样子而爱你。你不必多优秀、多漂亮，你可以有自己的小瑕疵、小缺点和蛮不讲理的小脾气，但那个人就是爱你，爱你特立独行的打扮，爱你奇怪的爱好，爱你偶尔无趣的灵魂，也爱你内敛的性格。

命运会排除万难，让你和对的人相识相爱。之前有个对你忽冷忽热、和你反复拉扯的人，之后就会还你一个大小事都和你说、你不用很厉害他就很爱你的人。不管你曾经被伤得多深，你又多么笃定不再相信爱，还是会有个人出现，让你从此又开始相信爱。

所以，不要放弃对爱的向往，因为更好更甜的爱总会到来。

万特特

独立和不怕失去，是一个人最好的底牌

真正理解你的人没有几个，

你能做的就是把秘密和委屈藏起来，

然后一步一步地长大。

—

事情就发生在昨天。

朋友约我去逛街，我说：“恐怕不行，我要去看电影。”然后她马上问：“你答应 ××× 了？我就说嘛，他的条件那么好，你迟早要同意的。”

“你想什么呢，都说了不喜欢他。”

“那是你跟前任和好了？”

“怎么可能？一个过去的人，我要他干吗？”

“那你到底跟谁去看电影？！”

“我一个人啊。本来约好跟闺密去的，但是她临时有事。”

“你一个人去看电影？”

她疑惑又不可思议的语气，我好久都忘不了。

我就想不通了，我为什么不能一个人去看一部好电影？我没逃课没翘班，买票的钱得来的渠道正当，我凭什么不能一个人去看这部电影？

如果你想问：什么是一个人最好的状态？

我想，那大概是心中盛着远方的时候不害怕前行，在外漂泊的时候不怯于艰辛，恋爱的时候全心全意，独处的时候享受孤独，不拒绝温暖，也不轻易依赖谁。你能够允许自己不懂他人，也允许他人不懂自己；不试图凌驾于他人的意志之上，也不轻易投身于他人制定的标准里。

我也曾迫切地想与别人好好聊聊，不是寒暄，而是真正地交流，却发现共同的话题更换了无数遍，熟悉的人早已不再拥有曾经的情怀。

在被无数个“哦”“好吧”打败后，我终于明白，不合群只是表面的孤独，过于依赖别人才是内心的孤独。

后来的我更多地选择沉默、独处、安静地生活，不是因为我不再年轻，也不是我不爱热闹，不愿倾诉，而是有些事真的说不清，也没人懂，很多话到嘴边却不想说了，久了也就发现说不说其实无关紧要。

越来越明白，不用到处宣泄内心，在这个世界上，寂寞的不只你一人，那些自己认为重要的心情，别人是无法真正理解的。

——

或许我们都忍受着孤独寂寞，下雨没人送伞，开心没人分享，难过没人倾诉……可人生不就是这样？成长让我们不得不学会独立、独处，用心去感受。我们都会掉进这条叫作“孤独”的河流，这不好也不坏。

但是，这个过程会很累很辛苦，甚至常常让人失望。面对接踵而来的现实，我们常会觉得无力。而这也是生活的一部分，做好我们能做的，永远是最好的应对方式。总有一天，我们都将上岸，我们终会破茧而出，成长得比自己想象的更好。

孤独和寂寞不一样，寂寞会发慌，孤独则是饱满的，没有任何事情会打扰，那是一种很圆满的状态。很多时候，我们都是独来独往，没有谁可以陪你走一辈子。

繁华热闹只是一种形式，歌舞升平未必真的快活。所有对生命的探索、体验、尝试，其实都是很私人、很寂寞的事。寂寞与生俱来，孤独也并不可笑。孤独是一种能力，是一种使人真正强大起来的能力，是一个人经过历练后的温柔与一种无声的优秀。

世界上有许多这样的人，他们做着自己喜欢的事情，知道自己想要什么。他们知道有些事需要妥协，有些事需要坚持；他们需要爱情，但从不过分依赖爱情；他们懂得现实的重要性，但这也不影响他们坚持浪漫；他们孤独，也会想有个人来陪伴，但从来不会匆忙寻找拥抱。

他们并不把爱情看作一份急需完成的试卷，而是看作一种让自己的人生更加完整的东西。如果它不能让你过得更好，那宁可不要。而当遇到让自己心动的人，他们也会以足够好的姿态出现在那个人面前。

—

尽量不要把太多精神寄托在爱情上，要把更多期望寄托在自己的身上。期待着一段恋情拯救自己，结果可能只会把感情消磨殆尽。

只有自己过得好，两个人在一起才能更好。

无论你将来会遇到什么样的人，过上什么样的生活，都是从遇到自己开始的 。所以，不如就利用孤单一人的时间使自己变得更优秀，给来的人一个惊喜，也给自己一个好的交代 。

所以，如果你现在孤身一人，在坚持和将就间犹豫纠结，希望你能够再坚持一下，先过好自己的日子，把自己变得更好，这样才能让与你频率相同的人看到。时间能让你看清很多东西，能将你变成更好的自己。

请你相信，期望从别处获得安全感，最终一定会失望和痛苦。缺乏安全感的人，总是在强调自己的需要，总是放大自己的焦虑和空虚。其实你过得还不错，只是矫情让你看上去很脆弱。

安定的力量，你可以自己给自己。一个人的时候，别被孤独打败，别向寂寞求饶，一个人也要像一支队伍，坚毅而有力量。这样，上天才会看到你，才不会忘记把幸福分给你。

——

不管你现在是一个人走在异乡的街道上，始终没有找到一丝归属感，还是你在跟朋友们一起吃饭，开心笑着的时候眼中却闪过一丝落寞，不管你现在是在努力去实现梦想却没能拉近与梦想的距离，还是你已经慢慢地找不到自己的梦想了，你都要告诉自己："慢慢来，说不定命运正为我重新洗牌；慢慢来，谁不是在跋山涉水之后，才有了顶天立地的胸怀？"

"依靠自己"这件事是信仰，而不是鸡汤。

当你不再害怕一个人，不再盲目地喜欢，不再用哭闹来解决问题，开始遵从自己的意愿做自己需要做的事，学会尊重身边的每一个人，面对得失变得大度、慷慨，开始有独立的思想，那么，独处就变得充满意义，成长也变得有迹可循。

但愿有一天，你可以无憾地对过去的自己说："站在热闹的人群里，你曾经思念过，也曾经挨过寂寞和寒冷，你给予了自己可依赖的力量，你就是我心头的骄傲。"

林夏萨摩

鉴渣能力，是当代女生的必备技能

真正能让一个人高贵的，

不是外在的浮华，不是标签，不是人设，

而是他精神层面的修养与底色。

那才是他区别于其他人的东西，

才是你们能否共同走向未来的决定性因素。

一

英文经常用 crush 来形容“突如其来的短暂的迷恋”。

小泽前阵子就对一个投行精英男产生了 crush。那时她还不知道有些所谓的精英男只可远观，经不起细看，细看之下，其人品与作风上的瑕疵与缺陷便无所遁形了。

小泽跟 Z 先生是在一个“剧本杀”活动中偶然认识的。那天她跟同事一起去了静安寺附近一家用茶室改造的“剧本杀”店。那家店太火了，小泽跟朋友到店的时候，大部分本子都被选走了。他们不想白跑一趟，便在老板娘的协调下“拼车”，玩了一个“硬核”高阶悬疑本。

开场前，当天的主持人就说了，这个八人本有点难，如果中间卡住了，剧情实在推不下去了，有两次按服务铃申请增加线索卡的机会，在还没正式开始前，想换本也来得及。

听主持人这么说，大家不仅没退缩，反而跃跃欲试。现场的好几个人是经常在外面刷本子的高手，不怕有难度，就怕本子太套路、没新意。等大家做完自我介绍，选好角色后，主持人给每个人发了对应的角色剧本、线索卡、用来推理和记笔记的 A4 纸和笔。

大家拿到剧本后坐在包厢里认真地读起来。等所有人都读完了，主持人便引导大家进入剧情。

表面上所有人都很认真，但其实从进包厢开始，小泽的注意力就落在了坐在她对面的Z先生身上。尽管坐在蒲团坐垫上，Z先生也明显比在场的所有人都高出不止一头，目测他的身高至少有1.82米，睫毛很长，鼻子很挺，五官神似某个男演员。美女走到哪里都能迅速吸引异性的注意力，帅哥也不例外。

就在小泽走神的间隙里，也时不时有别人的目光落在Z先生的身上。

说一见钟情有些夸张，但小泽确实被Z先生吸引住了。

除了很高很帅之外，Z先生的脑子也很好使。他们玩的本子一共有五幕，中间有两次剧情推不下去，凶手很聪明，线索又很模糊，陆续有人憋不住，想让主持人过来给额外的线索卡，都被Z先生一一拦住了。他把大家的线索卡拼在一起，结合他在A4纸上画的人物关系图和标记的隐藏线索，把剧情推了下去。多亏了Z先生，最终他们成功地推理出了真正的凶手。

等这一场结束，Z先生带大家复盘了完整的线索和推理过程，清晰的思路惊呆了主持人。主持人甚至开玩笑说："帅哥，你太厉害了，要不你来我们这里做兼职吧？"

这时在旁边一直没怎么说话的L吱声了："让他来主持？那还不如让他把你们店买了更简单。"

言下之意是这家店太小了，条件还不够让他来工作。

—

从小到大看过不少偶像剧的小泽，一直怀揣着一个“霸道总裁爱上我”的少女梦。

撇开“海归”精英、自主创业的“富二代”这层华丽的外衣不说，论长相、身材和智商，Z都是男生圈子里的佼佼者。那天的剧本杀活动自然成了偶像剧照进现实的开端，容貌出众、以往出现在聚会上众所瞩目的小泽难得主动地加了Z先生微信好友，开始了漫漫追男路。

虽然主动追男这种事她不擅长，但被追的次数多了，有些技能她也被动习得了。

她跟他在朋友圈频繁互动；她找他感兴趣的话题跟他聊天，经常聊到半夜，困得眼睛都睁不开；生活中发生了任何有趣的事情，她都想第一时间跟他分享……爱情还没来得及推开隔在他们之间的那扇厚重心门，小泽已经提前陷进去了。

只是Z先生的态度始终模糊。他给她秀最近的健身成果，他手把手教她怎么投资、怎么看K线图，他亲手做红酒牛排给她吃，他偶尔也会说几句让她脸红心跳的情话，他们像情侣一样约会见面亲吻，只是在关系认定上他的态度始终模糊。他牵着她的手去参加朋友聚会，开口介绍一句“小泽……”就没了，小泽永远听不到她期待的“女朋友”三个字。

Z 先生身边的那些朋友们，有很多人小泽连名字都没记住，就再也没见过了，大家对此也习以为常。

暧昧气氛继续不受控制地蔓延，小泽知道自己很难再自欺欺人下去了。是不是在 Z 的眼中，她跟别人没什么差别，也是可以像发牌一样随意地发到各种聚会的女孩子？可她不甘心，她付出过的心动让她不甘心。

L 生日那天在郊区租了一栋别墅，叫了很多经常聚在一起玩的朋友去，自然少不了 Z 先生，又看在 Z 的面子上，顺带叫上了小泽。

别墅有五层，一楼是开放式厨房和娱乐设施，KTV 包厢、台球室、游戏室等一应俱全，二楼往上是能看到湖景的客房，方便那些喝了酒不方便开车回家的人过夜。

众人十分捧场，在 L 的韩国女友的带领下，给他唱了中英韩三语生日歌，之后便是许愿、切蛋糕、拍照、拆礼物一条龙。礼物拆到一半，L 累了，大手一挥道：“咱们自由活动吧。”

——

人群里有人欢呼起来。在那帮玩心重的朋友眼里，到这时，派对才算正式开始，前面那些流程不过是为了配合剧情哄 L 开心。接下来，喜欢喝酒的酒不离手，喜欢玩牌的人不离桌，有人唱歌，有人打球，有人躺在沙发上玩游戏，有人站在气球墙前疯狂自拍……

大家各得其所。

其他人的兴致并没能感染小泽，她全无心思，满脑子想的都是：为什么刚才那两个女生过来加 Z 微信好友的时候他没拒绝？为什么他要跟其他人唱情歌？这样耗下去算什么呢？她是他的预备女朋友，还是他庞大鱼塘里的一条鱼？她是曾被捧在手心里的人，为什么要在这里受这种气？

越想越气的小泽拉着 Z 冲出了 KTV 包厢，拖着他一路跑到了人很少的五楼，随便推开了一间空房间进去了。这样就不怕被人打扰了，就算灰头土脸地离开，她也想问那句她憋了很久的话："你是不是从来没喜欢过我？"

她眼中的期待出卖了她，可他甚至不愿意包装字句，很干脆地回了句："说实话，没有。"

"那我们算什么？"

"不算什么，这段时间你不也玩得很开心吗？"

一切都结束了，这个紫色的梦结束了。小泽忽然一阵反胃，一定是刚才吃了太多奶油蛋糕的缘故。那晚小泽一个人打车回了市区，哭了一路。

——

小泽跟我讲完这段故事后，却没等到预期中我的愤怒批判，我没跟她一起细数 Z 先生的 N 大罪状。

我平静得让小泽惊讶，她问我为什么这么平静，难道我不把她当朋友，不在意她的感受吗？

我说我之所以平静是因为类似的故事听了太多，太多表面风光出众的“富二代”、“海归”男、金融男，一旦你知道他们的人品和情史，看他们的滤镜就必然碎一地。

“男人和女人之间，一旦发生感情牵扯，甭管表面上如何天朗气清风平浪静，内里一定沟壑纵横着各种细节、感受与成本算计。爱与被爱、付出与索取、辜负与被辜负，无不相互依存缠绕。

“你绝不会到最后摊牌那一天才发现他是那样的人……

“又高又帅，消费不低，穿搭不俗，会说甜言蜜语，懂得调动女孩子的情绪，偶遇的女生主动加他微信好友，他也从不拒绝，你怎么会觉得他情史简单，对感情专一呢？”

“不过是他符合你的浪漫期待，你便抱着侥幸心理，想着你能把他的花心终结。

“付出过真心就付出了呗，那也是自己愿意的，感情本就是愿赌服输嘛。”

我本不想把话说重，但眼见她在对那位传说中的 Z 先生卖力批判的同时仍心存希冀，便故意把话说得重了一些，好让她彻底断了念想。青春可贵，何必在无望的感情里消耗自己？

一

咪咪上个月跟交往了两年的投行男友分手，原因烂俗：他劈腿了。

根据国际惯例，当一个男人被发现劈腿的时候，他一定劈腿了不止一次。她压着火气，花钱找人恢复了男友的微信聊天记录，那叫一个精彩纷呈，对方有女大学生、小网红、公司同事、银行职员……他还真是精力充沛的“时间管理大师”。

咪咪把全部经历写成一篇“小作文”，挂在了朋友圈，把男友所有的出轨记录做成了一份 PDF，发到了男友的公司群里，让他“社死”。

刚发现男友劈腿时，她气炸了，疯狂地给我发语音。她知道他从小到大都是活在赞美中，她包容他的自私懒惰和以自我为中心，谁让他帅呢，工作也好，她爸妈对他也很满意，但劈腿这一点她忍不了。

从电视时代到新媒体时代，女孩子们谁没看过几部偶像剧？谁没做过“霸道总裁爱上我”的美梦？女孩子爱做梦不是什么坏事情，会做梦，说明还保持着天真，还对未来充满着彩色期待。

只是等经历的事情再多一点，就会明白：选男人，外在条件固然重要，内在品质更加重要。

真正能让一个人高贵的，不是外在的浮华，不是标签，不是人设，而是他精神层面的修养与底色。那才是他区别于其他人的东西，才是你们能否共同走向未来的决定性因素。

韦　娜

——

要相信所有的事到最后
都是好事

——

生活是由很多细节组成的，

发生的所有事情，

无论好的还是坏的，最终都是好事。

如果你发现眼前的事情还没有变好，

无法让你内心轻松，

那只有一个答案：这件事还没有发展到最后。

—

我有一位年轻的朋友，用怀疑的语气问我，是不是自己运气太差，在北京一直没有找到合适的工作，信用卡还不上，也没有朋友。在孤独求索的路上，他感觉北京是一座冰冷的城市，他一无所有，而他人冷酷无情……

其实，年轻的时候，我们都一样迷茫，站在相同的起点上，都要走过一段无人理解的路。只是在走过那条路多年后，我渐渐明白，决定我们走多远的，是我们在无人理解时的坚持和耐力，是我们在孤身一人时的心境与心态。

年轻的时候，可以允许自己一无所有，可以允许自己失败，只要记得站立起来，继续往前走就好。因为在这条路上，你付出的时间还太少了，没有走到最后，谁也不知道这条路到底是怎样的、结果又是怎样的、你究竟充当了怎样的角色。

毕竟发生的所有事情，无论好的还是坏的，最终都是好事。如果你发现眼前的事情还没有变好，无法让你内心轻松，那只有一个答案：这件事还没有发展到最后。

年轻时的我，也是那么着急、焦虑。每当我投入时间、精力去做一件事的时候，我期待它立刻有回报，立即有回响。

如果听不到回响，我就会怨天尤人，或怀疑自己的选择，或莽撞地修改方向。

时间就像一块打磨石，从不在意我的反应，它用每分每秒，一点点打磨着我的心绪、我的性情。它像雕刻艺术品那般，不慌不忙，不疾不徐。

我因为智慧不足还无法理解时间的用意时，自然排斥它给我的任何考验。而那些考验都被时间打磨成了美丽的花纹，刻在了我的灵魂里。

时间，让我认识到耐心的美丽。

——

我记得那是一个冬天，特别糟糕的一段时间，我失恋、生病，特意请假在家休息。就在那个下雪天，我突然接到了公司的任务，要从北京出差去一个偏远的城市讲课。我没有拒绝那次出差要求，但遗憾的是，我并没有赶上公司为我定的早班飞机。

正当焦急又挫败的时候，我接到了妈妈的电话，她希望我回家一趟，爸爸生病住院了。

在两难的情况下，我安抚了母亲，买了下一班飞机票，坚持飞往那个城市讲课，又从那里出发回了山东，去看父母。虽然顺利地完成了几件事，我却痛哭流涕，因为我突然发现一个人能决定的事情是很少的。

那天晚上，我失落到极致的时候突然想到，当天讲完课坐上车后，我看到一个男孩在敲我的车门。我打开车门，他对我说："老师，你讲得特别好，我都记在心里了。"我很开心地说："谢谢你。"然后车缓缓开走，他骑着自行车跟着我的车行了一段路，我觉得特别值得。

这一刻的值得，就是动力，也是成长。

生活是由很多细节组成的，那段经历可能真的是灰暗无光的，但在一片灰色中，总有闪光的时刻、瞬间的温暖。

如果我能拾起所有这些微妙的细节，我相信走过的路上一定满是感动。

——

后来，每当糟糕的情绪占满我的心，我都会告诉自己，要从事情的另一个角度去想，去想收获，去想美好的。

孤独的时候，我们的感受几乎一致，但不能一直身陷困境里。

一个人的力量有很多种，最重要的一种，是他有能力得到自己想要的东西。如果还不能，那就必然要忍受孤独，忍受苦难，忍受失落甚至绝望。

其实更多的时候，灰心或失望，是能力与欲望不匹配时对自己本能的愤怒。

那个可爱的年轻人对我说，江湖自有它的规矩，他能做的就是逃避，从北京逃到老家，从繁华的大都市逃到相对安逸的小城市。可又有谁能真正逃脱命运的考验呢？

不管你是谁、身在何方，它都会拿着时间来测量你是否值得拥有嘉奖。

如果你也在泥泞中跋涉，不要着急，不必哀怨，往前走，且不必步步回头。

把经历当成生命体验，把自己当成过客，放低姿态，多想得到的事物，快乐就会多一点。

文长长

情绪稳定
才是恋爱的第一生产力

对于爱人，我们能做且要做的就是去爱对方，

去鼓励对方，而不是要求对方。

我们能要求的只有自己。想明白这一点，会轻松许多。

爱上一个对的人是怎样的体验？

我希望在我们这段关系里，

我是愉悦的，而对方也是人生大赢家。

——

二十五岁后，对爱着的那个人的要求只有一点：当我爱着你时，我的情绪是平和、稳定、向上的。

你不会让我时不时感受到吃醋、嫉妒，你不会因为你的一系列行为让我不断担心这段关系会破裂，你要给足我安全感，让我知道我们这段关系是稳定的，让我对这段关系足够放心，而后能开心、平和地过好我自己的生活。

这是首要的前提。其次，你要有自己的事业，有经营好自己人生的能力。说句很世俗的话：“我希望我的爱情是势均力敌的。”我会很努力、很认真地工作和生活，对方也要努力，至少不能拖我的后腿。我想要的爱情是，有了困难，我们一起克服困难，一起努力。不能只是我努力，努力完了还要处理对方的一地鸡毛。

我愿意在感情里付出，但我不愿意拥有一段被不断消耗的感情。

清楚了自己想要什么样的感情，在遇到那个男孩的那一刻，我的脑中突然冒出一个念头：他就是我想要的那个人。

——

我们清楚对方的底线。

恋爱之初，我就直接跟男孩讲，我很介意我的另一半跟别的异性走得太近。我说，我这个人爱吃醋，一吃醋就情绪不稳定，情绪不稳定就心情不好，心情不好就会影响我原有的工作和生活状态，如果类似的事影响到我的情绪和生活了，让我过得不开心，那么不管我多么喜欢这个人，我最后也会忍痛把这段感情舍弃。

男孩说，在感情里保持忠诚与专一，也是他的底线。在这件事上，我们的看法一致。如此倒也挺好。

安全感这种东西是相互给予的，想要对方给足你安全感，你也要给足对方安全感。我俩都很识趣，都清楚这一点，于是在相处过程中，我们尽可能给足对方安全感。他去做什么事都提前跟我说，怕我找不到他着急，忙完手上的事也总会第一时间回复我的消息。我也会提前跟他说我要跟某某去哪里玩，要去做什么。

对方给足我信任，我也会给足对方信任。

年少时总以为成年人是没有美好爱情的，要工作，哪有那么多时间和精力去恋爱？感情里的无微不至与事事报备是少男少女们恋爱的特权。

如今，我长到了我眼中大人的年龄，发现长大后的我们也可以有那种很坦诚的爱情。就像我俩，依旧很坦率、很真诚地向对方报备自己的行程，忙完了也会第一时间跟对方联系。

我们做的都是很简单、看似很不起眼的事。其实对于爱情，最开始我们想要的也并没有那么多，我们想要的就是有一个人陪着自己做一些简单但必要的事。

世间再复杂的事，也是由一件件简单的事组成的。

长大后明白了，不是成年人没有爱情，而是成年人世界里的爱情很稀有、很珍贵。你得去找，去遇见那个愿意跟你一起制定游戏规则，且遵守游戏规则的人。

——

你问我们吵架吗。当然吵。这世间哪有不吵架的感情。

但我们约定吵架不隔夜，再难过的情绪、再复杂的问题，只要爆发了，就要当天解决。

我不是一个爱哭的人。在我人生的前二十五年，除了跟我爸妈闹别扭会委屈得哭，跟旁人相处，对方再凶再过分，我也不会流一滴泪。但跟男孩在一起后，我在他的面前特别容易哭，每次受点委屈，或者遇到困难，我都会叭叭掉眼泪。

每次我生闷气或赌气，或委屈到他再说一句话我的眼泪就要流下来，他都会很耐心地问我："你是怎么想的？""我的哪句话、哪个行为让你特别委屈或者不舒服？"我会跟他讲我是怎么想的。如果是我误会了，他会解释清楚；如果是他疏忽了，他会跟我道歉。

对他我也是如此。

有时，他因为工作、生活中的一些事烦恼，情绪不是很好，我也会很耐心地问他发生什么事了，让他说说看，告诉他我们一起解决。

我经常跟他说的话是："也许很多时候，我没办法帮你把眼前的烦恼直接解决掉，但我可以给你一些有效建议。我可以帮你分析一下问题，帮你调整一下心态，让你看到这件事其实并没想象中那么复杂，让你对未来多点信心与勇气。"

不管前方是恶魔，还是野兽，都没什么大不了，我陪你一起面对。一下解决不了，那就分几次，花更多时间与精力去解决，总有解决的那一刻。

任何一段关系都会有误会，而我们都很在意彼此的情绪与感受，我们会尽量当场把彼此的负面情绪消解，我们也愿意花时间、精力去治愈对方，我们也都很愿意给对方时间治愈自己。

亲密关系里的互相配合，真的很重要。

——

跟男孩在一起后，我很少再羡慕别人的爱情。

我必须跟大家坦承的是，说这句话，并不是因为男孩是完美男友，虽然在很多方面，他真的很好。

这些年在与生活的反复抗争中，我慢慢长大了。我看过更大的世界，也吃过一些山珍海味，成长让我成为更优秀、更有能力的自己。

但成长没让我成为“因为我很优秀，所以在爱情方面，我也要最优秀、最完美的恋人”那种人。成长带给我最重要的东西是，它让我明白：爱情不是许愿池，我才是自己的圣诞老人。

世上并无理想中的完美爱情，并不存在跟哪个人在一起、结个婚，人生就一下子变好的情况。无论男人，还是女人，千万不要随便把自己的成长与幸福寄托于某个人和某段关系。不要带着怨气和不切实际的期待去爱人，能让我们的人生变好的，只有我们自己。

对于爱人，我们能做且要做的就是爱对方，鼓励对方，而不是要求对方。我们能要求的只有自己。想明白这一点，会轻松许多。

所以，在这段感情里，我们很少去要求对方一定要怎么做。我们都相信，有能力且都很上进的两个人，只要踏踏实实努力，以后什么都会有的。

我们常跟对方说的一句话是：“忙时，我们好好工作，互相打气；闲时，我们就一起吃喝玩乐。”一切都可以是很美好的。

我们相信，我们会一起拥有很棒的人生。

最后，若你问我：爱上一个对的人是怎样的体验？

我希望在我们这段关系里，我是愉悦的，而对方也是人生大赢家。

闫晓雨

总是觉得自己不够好，却期望别人能喜欢自己

每个人都有怀疑人生、怀疑自我的时候，

就像坏天气一样，

有时只是乌云过境，遮住了太阳而已，

不代表光芒就不存在了。

我们要做的是等待，以及储备能量。

不要把对自己的认同全部放在别人手里。

只要你不对自己失望，一切就没那么糟糕。

谁都可以不喜欢你，但是你自己不可以。

—

今天和一个很久没见面的朋友聊天，我问他最近过得怎么样，我们照例聊了工作、感情和生活状态。

去年他研究生毕业，去了腾讯工作。他是北方人，在深圳长居。

我有点担心，总觉得远离自己熟悉的气候，会有些不习惯，所以每次和他聊天，我都会不自觉地问：“还适应那里的天气吗？”

他说最近深圳一直在下雨，傍晚时分的云很低，然后拍了照片发给我。

—

深圳的傍晚。

我惊讶于那样蓬勃、旖旎，带着几分奇幻色彩的天空，真的太漂亮了，就像他这个人给我的感觉一样。

在我的心里，这个朋友是特别优秀的人。我不知道别人对于“优秀”怎么定义，在我看来，优秀的核心是有自己的小世界，有生命力，对于自己在每个阶段所做的每个选择都承担得起，不灼人，也不屑于随波逐流。

我们认识的时候，他在读本科。

每年暑假他来北京和我们一起玩，聊到对很多事物的看法，他的脑洞都叫我惊奇，我们都很欣赏他。

但他今天突然对我说：“不知道怎么开口……其实，我并不喜欢我自己。”

我们零零碎碎聊了很多。他说自己近期就是工作、睡觉、打游戏，工作不是特别忙的时候，下班后会和同事去喝杯酒，很久没谈恋爱了，对于未来还没找到特别明确的方向。

我想了一下，觉得身边大多数年轻人的生活都是这样的。

我自己也是。

经常会感觉肉体在生活的既定轨道上运转着，灵魂却早已飘到另外一个未知的国度。这种状态并没有什么不好，只是过分在意精神需求的人会感到困顿，会往自己的内在追根究底。

就拿恋爱这件事来说，觉得自己不好，又希望别人喜欢自己。

可在那个人出现之前就已经否定了自己，连同自己幸福的权利。

“归根结底，我就是不喜欢我自己，我的幸福感建立在别人对我的态度或者关注上。”朋友无奈地讲道。

其实我特别理解他。

我自己也是这样的人，潜意识里比起“被照顾”，更想成为“被需要”的那个人。

因为自己没被好好照顾过，所以更想要照顾好身边的人。

一

回想起来，我第一次产生“不喜欢自己”的感觉，是读初中的时候。当时我们几个小伙伴关系特别好，天天腻在一起，就容易有小摩擦。

偶尔大家闹别扭吵架的时候，有一个女生可以理直气壮地发脾气，把自己的不开心和委屈都讲出来。她的脾气来得快，去得也快；而我是这个集体里从来不会发脾气的人。

不是我性格好，而是我不会生气，我找不到生气这个功能的开关。

我在家庭教育里一直被教导要忍让，要懂得换位思考，要多理解别人的不容易，多一事不如少一事。所以每次和朋友闹不愉快，我都是靠自我消化来驯服内心的小兽。

可这在很多时候并不能解决问题，而且我还会觉得很憋屈，很难受。

看到别人可以大大方方说出自己的不开心，我十分羡慕。原来不开心是可以讲出来的啊，原来把自己的不开心讲出来，也可以得到大家的喜欢啊。

但当时的我并不知道，也不敢调整自己。我害怕别人已经适应了和我的相处模式，一旦改变，我会失去更多。

心口不一的矛盾让我更加讨厌自己。

就这样别别扭扭地度过青春期，被迫接受了一些自己并不喜欢的事物与关系。

这段经历导致我长大以后并不擅长交际，在恋爱中也不会撒娇，不懂及时沟通，“把自己的真实想法坦坦荡荡说出来”对我来说是一件特别困难的事情。

我更擅长的是憋着和迁就别人。在我 22 岁以前的人生里，我时常觉得痛苦，不喜欢自己，却又无能为力。

——

直到如今，我也没有完全克服“不喜欢自己”这一点。

但最近几年好了很多。一方面是因为我遇到了很多特别好的朋友、特别好的读者，他们一遍遍不厌其烦地告诉我：你很好，我喜欢你，你可以尽情做你自己，不必担心因此失去什么。

另一方面，是因为我发现“当我发自内心地喜欢自己的时候”，总能吸引到越来越多的人以同样的真心来喜欢我。

做全部的自己，就会有人爱你的全部。

做部分的自己，爱你的人也只能爱你展露出来的那一部分。

所以，不要紧张，就算你觉得自己不够好、不够优秀，很多方面常人无法理解，做你自己也并不会让你失去什么，相反，总会有人觉得你漏洞百出的样子很可爱。

我其实挺理解我们这一代人为什么不喜欢自己。回忆一下你从小生长的环境，成绩不好会挨骂，成绩上去了，却第一时间被警告“别骄傲”。

老师、家长都说，要先成为一个有用的人，才能成为一个受欢迎的人。你拼命努力，后来却发现最受欢迎的是那些能够用自己的快乐感染别人的人。

从小到大，没人正面夸奖过你，没人认真说过“我爱你”，没人在你特别沮丧、特别无望的时候对你说：“没关系，无论怎样，你在我眼里都是最好的。”

我们要如何找到爱自己的源头？

昨天晚上，我的另外一个朋友在群里说，她最近特别不喜欢自己，觉得自己特别糟糕。

我想说，不是这样的，真的不是这样的。

每个人都有怀疑人生、怀疑自我的时候，就像坏天气一样，有时只是乌云过境，遮住了太阳而已，不代表光芒就不存在了。

我们要做的是等待，以及储备能量。

—

分享这些，不是一定要让大家全盘接纳自我，立刻自信起来，我只是想分享两个观点。

第一个是：不要把对自己的认同全部放在别人手里。只要你不对自己失望，一切就没那么糟糕。谁都可以不喜欢你，但是你自己不可以。第二个是：期待别人的喜欢、依赖别人的喜欢也不是什么丢人的事情。

我这个人没啥优点，但我的朋友们都说我有一双善于发现别人优点的眼睛。我不是吹“彩虹屁”，而是相信凡事都有两面性：内向的人往往拥有更丰富的内心世界，能力不足才具有爆发潜力，单身就享受自由，恋爱就沉浸在甜蜜中，留在“北上广”就为理想发光发热，回老家就利用下班后的闲暇时间搞搞副业。

赚钱了，就努力让自己和家人过得更好；没赚到什么钱，就安安分分过自己的小日子。黑马在成为黑马之前，或许只是街边没人在意的代步工具；明珠在成为明珠之后，也未必真的享受被什袭而藏的荣光，有些珠子还很怀念自己过去身为快乐的瓦砾时，被人踢踢踏踏、滚来滚去，看到的不一样的多元世界。

最后，无论现在的你是什么状态，我都想对你说：女孩，你真的超棒！

林夏萨摩

假如你不快乐，
那么所有的人生意义都不完整

人生得意须尽欢，

何必自寻烦恼想那么多？

不必去想究竟是洛阳牡丹、长安繁花，

还是路边野草、墙角青苔。

我们大概率只活这一世，开心就好了。

慢慢来，比较快。

二

美子在我的世界里消失了很久，我们再次联系上，从一句“美子，你去哪里了，我好想你”开始。

文字牵线搭桥，让我们相识。

假如生活是默片，我们失联前的镜头，是在淮海中路附近的某个小酒吧里，几个女生喝到微醺，我踩着高跟鞋坐在高脚凳上，气息温柔，她把头倚靠在我的大腿上。

她说，那个瞬间她很安心，有一刻好像回到了很久之前。在遥远的记忆里，总有能让她倚靠的东西或人，他们平淡却足以支撑起整片温暖。

如果说我是温柔的，那美子就是尖锐的。我们都有反叛精神，却采用了不同的方式。

美子乖张任性，文字泼辣，什么都敢写敢说。

在很长一段时间，尤其是日子如蒸馏水般索然无味的时候，我得靠美子犀利的朋友圈续命，像急性肠胃炎发作，一定要吃药缓解，迫切地吞下一粒又一粒。

后来我发现，靠美子的朋友圈续命的人不止我一个。

我很羡慕她，不论喜欢什么，想要什么，都那么直接坦荡。例如不想“搬砖”，就直接发朋友圈吐槽打工人命苦，也不屏蔽任何人。我的直接坦荡则分场合，需要合适的土壤。从某种程度上说，我多少懂一些世俗的虚与委蛇，不管运用与否。

当然，美子自私任性起来，也没人压得住。但那就是她的风采。

——

去年下半年，因为身体不适，她去长沙待了一段时间。

她长了一个瘤，最终结果没出来之前，她很怕，害怕自己会突然死掉。

从小到大，她几乎没去过医院，更别提上手术台了。那是她第一次做手术，虽然没有人生过往种种历历在目那么夸张，但这个经历确实改变了她的很多想法。

她本就是个信奉“人生得意须尽欢”的人，生病以后，变得更加及时行乐。

她说：“我不知道我哪天就死了，我得赶紧把能让我爽的都爽快玩一遍。”

好在她得的不是癌症，是良性肿瘤。医生说有复发的可能，做完手术后还得吃一年药。

她现在除了每天要吃药，跟正常人无异。

前段时间，有个姐妹看不惯，吐槽她。

说她从前健健康康、生龙活虎的时候，每天在朋友圈分享星星月亮诗词歌赋，精致得不得了，现在却变得很庸俗。

美子得知后跟我说："天哪！你知道吗？我现在真的想把所有世俗的东西都试一遍，我不知道哪天就走了。"

我想的则是，看来那个姐妹并不了解她，她本来就是既可以从诗词歌赋聊到人生哲学，又纵情洒脱、寻欢作乐的人。

因为这场病，她跟她妈妈握手言和了。

从前她跟妈妈的关系，用"剑拔弩张"形容也不为过，但经历了这场病，她跟妈妈的关系回到了正常的母女关系。

虽然身体还没完全恢复，但她俩都很乐观。

出院之前，医生特地叮嘱她们，不要吃火锅和刺激的食物，不要喝酒，不要吃乱七八糟的东西。结果，出院第一天，她跟妈妈就去吃火锅了。

事情已经发生了，没必要表现得更沉重。

——

我知道像美子这种憋不住话的人，一定是发生了什么才会消失的。

但我完全没想到她生病了。可她跟我说生病做手术的时候，我竟然恍惚间有点羡慕。

我在心情很糟糕、情绪跌到谷底的那段时间里曾经幻想过：哎呀，我要是得绝症就好了。我本来是那么好强、那么骄傲的一个人，要是得了绝症，是不是就不用对自己有那么多要求，不用想着去完成这个，完成那个，只要开心就好了，不计后果地开心，不用害怕辜负任何人。

但我不行，我做不到。我还有期待、执念、耿耿于怀，我还没写出我想要的文字，我还有我想去守护的人。

美子有时会夸我。

准确地说，我们有时会不免俗气地互相吹捧。人间萧瑟常在，需要彼此温暖。

“我们都感性，只是外化的方式不同。你选择用你的感性去治愈别人，然后变成一个很多人喜欢的人，而我的感性非常个人主义，就连写东西也是，我爽完就行了，顾不上看的人有没有爽。”

她总说：“萨摩你就是太好了，总给我一种好到不真实的感觉。每次刷到你的朋友圈的时候我都会想：天哪！怎么这么光明积极，真是太好了！”

奇怪，我从她的语气里听出了遗憾。

美子觉得她身上有很多残破的东西，看到我就觉得真好，是没有词语能准确形容的一种感觉。她知道我是那种被大家喜欢和接纳的人，跟谁都能成为朋友，只要我愿意。有段时间，她渴望成为我这样的人，就逼迫自己去看一些很正能量、很积极的东西，但还是不行，后来就算了，无所谓了，反正自己做不了太阳。

可对我而言，美子就是美子，不需要成为任何人，不用管自己是太阳还是月亮。

人生苦短，她开心就好了。

况且连我自己都打算改变，也正在改变。

以往除非把我气炸了、惹毛了，不然我连讨公道都拿捏好分寸，总想着做人留点余地，日后才好相见。

但我变了，我打算放弃某些没有原则的好、不被珍惜和体谅的好、容易被辜负的好、被当成理所当然的好，这样的好不要也罢，没人稀罕。

——

有些人对你好，是真的出于欣赏、喜欢你 ，像看到八块腹肌的帅哥、惊为天人的美女，就不自觉地多看几眼，像鼻腔里塞满了洋葱的气味就狂打喷嚏一样不可自抑。

但也有些人对你好，只是因为他们想被你好好对待，因为背后的利益和帮助。

这样也没错，但我一向不信任纯粹由利益绑定的关系。因利聚者也容易因利散，人与人之间还是需要保留点起码的温度。

我无法否认，我也有为生活所迫、出于利益牵绊而有意接触一些人的时刻，但如果对方实在是我讨厌的类型，如果对方的人品一再地让我很失望，那和他的关系肯定没办法继续了。互联网公司在更新软件新功能之前会做内测，而我在切断与他人的情感联系和生活交往之前，也会对我们的过往在内心进行评估。

我的心底有一根线，喜欢一些人、想靠近一些人的时候，我会拉拉那根线，想离开一些人、切断与一些人的牵扯的时候，也会拉拉那根线。当断不断，则反受其乱。

——

美子去年一口气在晋江文学城写了 70 多万字，那灵感喷涌的架势让我吃惊。

有几个瞬间，我巴望着她一朝成名天下知，能够像皇帝选妃一样选择下一部作品的出版方。虽然我爽文没看过几部，但这不妨碍我做白日梦。然而，现实是她写了那么多字也没赚到几个铜板，更别提名气了。

写作对美子和我来说，都是用来治疗疼痛、自我治愈的方式。我们时常觉得自己怀才不遇，也时常觉得自己写得很垃圾。

外面的人看我们做这行轻而易举，好像每天只要勾勾手指头、敲敲键盘，大把的银两就哗啦哗啦地掉进钱袋子里了。只有业内人士才知道，这年头写书赚钱难上加难。

我第一本书的稿费还不够我的“富二代”朋友买一个包。以前一本书起码卖出几十万册才敢叫畅销，现在能实打实卖出三五万册，就算是卖得不错了。

但这不妨碍我们热爱写作。

美子还不知道，上一次豆瓣阅读搞长篇拉力赛，我挖了个坑，题目叫《我与母亲的战争》，灵感就来源于我们之间的某次对话，写的是我们各自在特殊的历史时期对于母亲爱恨交织的心情。

后来这个坑一直没填，怪我太懒了。

我挖的坑太多了，我一边当打工人，一边写东西，确实效率低下，我又贪图在平淡生活里寻点乐子，贪图忙里偷闲地欣赏风花雪月。

——

昨天出门前，看到微信里朋友子陵是“摸鱼”状态，并写着：“你说少年明媚如昨，怎知少年时光如梦。”

当下感慨，你看，“半生归来仍是少年”是多少人的梦。

参加校友聚会，听高我很多届的学长学姐们讲他们那个年代的风云故事，就很羡慕，羡慕他们那个年代的激荡，也羡慕他们如今在上海各有一片天地驰骋。

聚会结束打车回家，在高架桥上飞驰，两侧明明暗暗，光影彼此交错再触电般弹开，我满脑子里想的都是："鲜衣怒马，四海为家，何日看尽长安繁华。"

我就发消息问美子，如果让她在"何日看尽长安花"之前加一句，她会怎么写。

0.5 秒后，她回复我："桃李春风一杯酒，何日看尽长安花。"

不同的诗句，组合起来有奇效，非药却能除病。人生得意须尽欢，何必自寻烦恼想那么多？不必去想究竟是洛阳牡丹、长安繁花，还是路边野草、墙角青苔。

我们大概率只活这一世，开心就好了。慢慢来，比较快。想一步登天，也没人给你买窜天猴（一种烟花名）啊。

陶瓷兔子

失意时不拿别人撒气，是难得的品质

在失意之时，

也能不轻贱比自己弱小的人或物，

不拿别人撒气，

在翻涌的情绪中依然保留一丝悲悯与自制，

这是善良。

——

去年冬天，有一次我从健身房出来时发现忘了带手机，于是回公司去取。刚走到办公室门口，就听到一个尖厉的女声在训斥着什么人。我循声音找过去，看到送外卖的小哥正一脸懊丧地连连道歉，手中捧着一个带汤的塑料餐盒，已洒了一些，汤汁还在顺着他的手套往下滴。那个女声不依不饶："我不管，反正这份我不要了。我要投诉你！送个外卖都不会，你还能干吗？"

无视外卖小哥一脸无奈地赔笑，她转身就往里走，正巧和过去看热闹的我撞个正着。她是来公司还没多久的新人，平时一副温柔和顺的小白兔模样。见我撞见这场面，她尴尬不已，急忙跟我解释："我六点钟叫的外卖，现在都七点半了才送来。我就想喝口汤，还洒了这么多，袋子上汁汁水水的，看上去好恶心。"

见我笑而不语，她又说："我今天真的太倒霉了，早上迟到被老板撞个正着，做了一半 PPT 正好赶上电脑蓝屏，加班到这会儿好不容易快弄完了，又累又饿，这才没忍住发了火。"

"姐姐你知道的，我平时不是这样的。"她偷觑一眼我的神色，补充道。

——

我认识一个男生，一向是朋友圈里的"好好先生"。我认识他两年多，屡次聚会吃饭，席间多有出格的玩笑话，却从没见他跟谁红过眼、翻过脸，堪称脾气好、修养好的典范。

直到一次聚餐，他当着众人的面跟心仪的姑娘表白，却被拒绝，他立刻起身告辞。

我跟另一位朋友正好在外面聊天，看到他从车库出来，老远就不耐烦地按起喇叭，车库管理员的动作慢了一些，他就从车窗探出头破口大骂。那天正好下着雨，路边有许多积水，而他依然不管不顾地加速，从一个背着书包的小学生身边疾驰而过，溅了那小孩一身泥水。

我们两个旁观了全程，惊得目瞪口呆。

他可是走在路上会主动捡起烟头扔进垃圾箱，即便跟耳背又顽固的大爷大妈说话都能始终面带微笑，连服务员过来收碗筷都不忘记说“谢谢”的人啊。

这一晚，他却像是成了另一个人。

生活顺遂、一切如意的时候，谁不会扮演好人呢？

无论是刻意将自己伪装成温柔美好的样子，还是抱着锦上添花的心态赠人玫瑰、手有余香，我们都乐于装扮出一副善良宽容的模样。

可最考验人性的，却偏不是这些顺遂如意的时刻，而是看一个人在失意之时，会如何安放他的善良。

我很喜欢《红楼梦》里这个片段：黛玉和宝玉拌了嘴，生着气，还不忘叮嘱侍女紫鹃："看那大燕子回来，把帘子放下来，拿狮子倚住。"

那个平时有点尖酸、心眼小又讲话不留情面的姑娘，在自己气到哭了半晌后，犹能记得要等燕子归来再放下帘子。

心理学上有个"踢猫效应"，指的就是坏情绪的传染，由地位高的传向地位低的，由强者传向弱者，无处发泄的最弱小的便成了最终的受害者。

在失意之时，也能不轻贱比自己弱小的人或物，不拿别人撒气，在翻涌的情绪中依然保留一丝悲悯与自制，这是善良。

——

我有位做公众号的朋友，有一天忽然在公众号里发了一条消息，大意是她有些事情要处理，所以要停更一段时间。过了半年多她才出现，更新了一篇游记。我随口问："你这半年是闭关修炼，去游览大好河山了吗？"

"并没有。"她笑笑说，"是上次去杭州那边看房子，顺便在周边逛了逛。"

"你要搬走了？"我问。

“是啊。”她说，“男朋友没了，工作也没了，三年积蓄一夜归零。或许这正好是重新开始的好时候，我刚好在杭州找到了一家不错的企业，就想着搬过去生活一段时间。”

她说得轻描淡写，我却听得胆战心惊。男友劈腿，假借开公司之名邀她入股，却一夕之间连人带钱都蒸发不见，连带拿走了她保险柜里的几万公款，导致她被公司开除，连当月房租都交不起，在地下室里住了三个多月。

不敢想象，身为一个独自生活在外地的女孩子，这段日子她是如何熬过来的。而作为朋友，我居然毫不知情。我有点愧疚地在微信里发了个红包给她，她没收，只回了我一句话：“一切都过去了。”

天知道，我有多佩服她的冷静自持。人往往自带放大苦难的属性，生活中稍不如意，都能夸张成一场天灾人祸，让全世界都知道自己的难处，从而合理化自己的一蹶不振或者歇斯底里，恨不得举世同悲，从而渲染自己的失意。

可她不是这样。在她心底自带一个铁笼，将那些悲伤苦难都装进去，不让它们乱跑一步，也不将它们放大分毫。

我之前写过跟一位女友绝交的故事：她失恋之后消沉了半年之久，每日找我聊天，以泪洗面痛骂渣男，各种借酒撒泼。我只要稍微劝她一句，或是表情的悲伤度稍有不足，就会立刻遭到她带着泪眼的埋怨：“你怎么也不帮我！”

这种状态持续到第八个月，我拉黑了她。

我从不以把她丢在失意的低地独自离开为荣，但若让我再选一次，我依然会毫不犹豫地做出这个选择。

我们的一生都难免波折，而不耽于情绪，不把身边人拖下水，不强求别人感同身受，这是善良。

—

我们每个人都曾掉入人生的低谷，在那时，想尖叫，想骂人，想砸东西，想拉着全世界陪自己哭，都是人之常情。

而我们常常谈论的修养，从来不是一个装点门面的词。

它不是春风得意之时的随手施舍，也不是人生顺遂之时的呼朋尽欢。它不在于穿着博柏利套装坐在咖啡厅里优雅地对侍应生说谢谢，而在于穷困潦倒或气急败坏之际仍不会去踢流浪猫。

得意而不张狂已是很难，失意却不带戾气更难。在可以随意发泄的时候懂得克制，在恶念一闪的时候坚守善良，才是很高的修养。

徐多多

很多事情可以靠努力得来，但爱情不行

彻底地失去一件东西，

有时候比得到还要快乐，因为不必再苦苦守候了。

去爱一个怎样都不会放弃你的人，

而不是去等一个怎样都不会爱上你的人。

——

有人说:“喜欢一个人，就像喜欢富士山，你可以看到它，但是不能搬走它。”这个道理柠檬一早就知道了，但就像装睡的人无法被叫醒，她还是忍不住要试一试。

宇是高柠檬几届的学长，他们在毕业后的一次校友会上重逢。上学的时候，他们只是见过几面，毕业后，这还是第一次遇到。

那天，宇穿着干净的白色T恤，安安静静地坐在一边低头摆弄手机，貌似深沉。柠檬看得入迷，心想：几年过去了，他竟然一点都没变。

上学时，柠檬就对宇有好感。那天，当宇拿着吉他自弹自唱了一首陈奕迅的《人来人往》，隐藏在柠檬内心里的爱火再次被点燃了。

他们聊了很多上学时的趣事，也聊了毕业几年各自的经历。只可惜快乐的时光总是特别短暂，一个小时后，宇接了个电话就匆匆离开了。

剩下柠檬独自发呆。大概是因为宇的白色T恤太干净利落，大概是因为她被内心的小鹿撞得脑震荡了，大概仅仅是因为他就是他……尽管周围喧嚣，她却什么都听不见。柠檬沉浸在刚才那些平淡无奇的对话中，脑海里不停浮现一句歌词:“闭上双眼，你最挂念谁？”

她不是缩手缩脚的人，绝不允许自己只是埋头单恋。每次看到偶像剧里的主角扭扭捏捏不敢表白，她都替主角着急：快点捅破那层窗户纸，别磨磨蹭蹭的。

所以，她当晚就采取行动，发微信消息约他见面。宇答应她一周后在咖啡馆见个面。

见面当天，柠檬把衣柜里的衣服全铺到床上——不行，这个太素，那个又太暴露了。换好裙子后，发型又乱了。唉，这个妆化得不行啊，头发怎么又乱了……

最后，终于选出一套自己最满意的衣服，头发染了，也卷了，还粘了假睫毛。出门的时候，她甚至破天荒地喷了点儿香水。

到了约定地点。约的时间是三点，从两点起她就开始感到幸福，时间越临近她就越幸福。到了将近三点的时候，她突然有点坐立不安了。

宇发消息给她："临时开会，晚一点到。"

她回："等你。"

柠檬选的是整个咖啡馆最好的位置，她整理了刘海，特意摆了一个自认为非常优雅的姿势对着门口，这样宇进来刚好能看到她最美的样子。嘴唇有点干，立刻涂了一点唇膏；糟糕，手怎么这么粗糙，护手霜瞬间用了半管……

内心的小鹿又开始乱撞，下一秒就要撞出来了。千万种情绪在发酵，突然觉得自己好蠢，又暗暗给自己加油鼓劲。

终于他来了。

刚落座，手机不合时宜地响起来。宇飞快地说一句“对不起，等我一下”，就开始没完没了地接电话、回消息，似乎忘了她的存在。

柠檬悲哀地想：自己快要溢出来的喜欢，可能在他那里只是打扰，他答应来见一面，估计只是碍于情面，不好推辞。

宇终于接完了电话，柠檬反复练习好的话，却突然不知道怎么说出口。面对喜欢的人，真的会变成自己曾经鄙视的人：从今天天气晴朗，谈到昨天晚上吃了什么，就是一直不说那句“我喜欢你”。柠檬斜眼偷看看宇，还好他摆出了一副云淡风轻的表情，不然自己真的要找地缝钻了。

好不容易鼓起勇气要切入正题了，那该死的手机又响了。

“不如先回去吧，下次再找你。”宇冲她晃晃手机，无奈地苦笑。

宇送她去地铁站，路上她想事想到入神，直到宇在她的额头上轻轻弹了一下，她才回过神来。然后他们互相道别。

他只是轻轻弹了一下，她却像被滚烫的小火星灼烧，从此留下了痕迹，又好像被加了封印，从此有了羁绊。

—

爱情就像快递，爱上只在一瞬间，更多的是等待。

之后，他们一直没有再见面，额头上被弹的那一下支撑起她全部的生活。原来真的会有人对刚见一面的人思念至极。

每隔几天，柠檬就忍不住给他发微信，内容大多乏味而无聊，例如“你在干吗”。然后柠檬就盯着“对方正在输入”，紧张又期待。最后收到一句“在忙”，枉费了自己长时间的紧张与等待。

有时候连“对方正在输入”这样的期待都没有，她发出一句话，如同石沉大海，对话框像卡死了一样，她只能默默退出微信。几个小时之后，突然来了一条微信消息，她激动地点开，却不过是“比较忙啊，对不起回晚了”几个字。

偶尔也会出现连续的对话，但是往往聊着聊着就把天聊死了。她像全副武装的战士，视死如归打算出发，却根本不知道战场的方向。

该怎么让他知道自己的心意呢？生活没有交集，也没有共同的社交圈，聊些什么呢？自己喜欢的小说和电视剧，对他来说简直幼稚死了。

唯一能做的，只有发挥丰富的想象力。电影里的男主角都有他的影子，每一句歌词唱的都是他，吃什么都味同嚼蜡，满脑子都是他，还有额头上那个封印不时地提醒她。

人们总习惯用一腔孤勇来形容那种奋不顾身喜欢一个人的劲头，但到头来才发现，所有的一腔孤勇都只是一厢情愿。

柠檬上高中时收到过男生写给她的情书，看完就随手放进柜子。现在轮到自己写，键盘敲得震天响，文字却像彗星，头部聚集，尾部散漫，连一句完整的话都无法成行。突然间，就理解了那个男生的心意。

柠檬也曾经历过一次分手。在那段感情中，对方一会儿加她，一会儿删她，反反复复，她实在受不了，就主动拉黑了对方。现在轮到自己了，每天夜里点开宇的头像，回味那些可怜巴巴的聊天记录，频繁刷着他的朋友圈，辗转反侧。如果拉黑他，就能放下吧，可是放弃好难。终于体会到当年那个人的心情。

由于感同身受，对曾经喜欢自己的人多了一份感激和愧疚。好遗憾，如果当年采取更好的处理方式，对方会不会好过一点呢?

柠檬不是傻瓜，宇对她没有感觉，她当然知道，就像强扭的瓜不甜，扭瓜的人怎么会不知道？喜欢上一个不喜欢自己的人，才懂了“喜欢你，但与你无关”究竟是怎么回事。

当一个人不喜欢你，就算你故意漂亮地出现在他的面前，也没用。你送他的糖是酸的，你隔三岔五的问候消息和垃圾短信是一个性质，你在微信状态里更新的小心思他看不懂，你哭得死去活来对他来说不痛不痒，他是你的春夏秋冬，而你只是他的路人甲。

柠檬想不出有哪句话可以准确概括他们之间的关系，似远似近而又模糊不清，忽冷忽热却又习以为常，给点甜头又怕自作多情，什么都不是却又不想放弃。

只是，她怕没有试过就轻言放弃，自己将来后悔。实在放不下就继续喜欢他吧，也许会感动他，也许会累到放下。

——

放下，是因为再见到宇。

三个月后，宇突然说要请她吃饭，说要“联络友谊”。

这一次，柠檬没化精致的妆，也没换那么多套裙子，只是从家里的沙发上爬起来，随便穿了一件外套去找他。大概是路上跑太快，心跳还是不太正常。

看见宇，她差点没笑出声。他穿了一件灰不溜秋的网球衫，特别显老。

柠檬屁股还没坐热就开始吐槽，吐槽他的发型难看，吐槽他的衣服像大叔，吐槽他的一切……

宇一边大口大口喝着冰水，一边嘿嘿地笑。

“抱歉啊，让你失望了！”

“是啊，没想到你老得这么快！”与上一次紧张的自己判若两人。

柠檬以为自己是装的，装无所谓，装没心没肺，故意叫嚣：“你看，我不在乎你。”其实，她是真的放下了。

彻底地失去一件东西，有时候比得到这件东西还要快乐，因为不必再苦苦守候了。

饭吃到兴头上，宇坦白说：“上次和你见面前刚和女朋友吵架，她闹着要分手，所以我心情不太好，也没能和你说清楚。”

“哦，是吗？现在怎么样了？”

“我把她追回来了。”宇说时难掩一脸的甜蜜。

原来，当自己为他彻夜难眠的时候，他正在为另一个人赴汤蹈火。

“其实我能感觉出来你对我的心意，怪我没能说清楚。我是不是处理得很糟糕……对不起……”宇支支吾吾，不知道怎么解释。

“你不是也一直没给过我机会吗，没必要道歉的。”

宇不好意思地挠挠头，未免尴尬。柠檬说想看看他女朋友的照片，他点开相册，她看到了一张极其甜美的脸。

“还真是般配啊！”她咧嘴朝他笑，其实心里酸溜溜的：我也不差啊，果然喜欢一个人是盲目的。

不过，和自己有什么关系？一切都过去了。

那顿饭吃得很开心，大概是因为柠檬找回了自己，自然、不做作。宇开车送她回家，路上他们聊着彼此的人生囧事，不时哈哈大笑。

突然，宇认真问她："你到底喜欢我什么呢？"

辗转反侧的日日夜夜一闪而过，不甘心的日日夜夜一闪而过，思念的日日夜夜一闪而过，那些日日夜夜冲进她的眼眶，马上要化成眼泪。

柠檬忍住了，只说："可能是唱歌走调吧。"

"哈哈哈，太奇葩了。"

转头的一刹那，柠檬看见宇长舒了一口气。被人喜欢，听起来是一件很迷人的事，有人追求，有人担心，有人记挂。但爱情不是努力就一定能修成正果的，也许人家根本不想成为被你喜欢的人。

去爱一个怎样都不会放弃你的人，而不是去等一个怎样都不会爱上你的人。

回到家，柠檬和往常一样，健身、洗澡、看书、睡觉。

只是不会再因为想念而辗转反侧。怎么突然就放下了呢？大概是因为刚才那顿饭太难吃，大概是因为他的网球衫太难看，大概是因为额头上的封印解除了。

爱情可以填补人生的很多遗憾，然而制造更多遗憾的，偏偏也是爱情。

没有人想放弃一份投注了满腔热情的感情，那是仅有一次鼓起的、可能再也找不回的勇气。但有什么办法呢？不是对的人啊。只是错过了一个人，又不是把自己的人生都错过了。未来的路还长，跟自己较劲，只会遍体鳞伤。

有些喜欢注定会有遗憾，时间会慢慢冲刷掉“再咬牙等一等”的执着，剩下的只是“希望你过得好”的释然。

如果再也无法相见，那就祝彼此在看不到的岁月里一切顺遂、幸福快乐，也要提醒自己，如果遇到了另外让自己心动的人，请一定要勇敢地再试试看。

一个人最好的生活状态是，爱的时候不辜负自己的心，玩的时候不辜负路边的风景，睡觉的时候不辜负温暖的床，一个人的时候不辜负自己。

宇宙那么大，不要担心遇不上好玩的事和值得爱的人。去做没做过的事，去没去过的地方，对未知事物永远保持好奇心。不要怕希望落空，落空又怎样？生活就是去经历。去爱，别停下。

向前看，如果再遇到喜欢的人，调整好状态，再次用足够多的力气去爱。

闫晓雨

有的人之所以迷人，
是因为他擅长做自己

无论是工作、恋爱，还是人际关系，

任何一段旅程的出发点都应该是自己的心。

留住春天的唯一方式，

不是成为花，而是成为春天。

你越做自己，就越有人欣赏你。

二

毫不夸张地讲，我是有“锦鲤”体质的人。

不是那种大富大贵的命，但总能收获生活的奇妙恩惠。

举几个小例子：

从小到大，我喜欢的朋友，基本上也都喜欢我。

毕业后换过几份工作，只要是我特别想去的公司，最后一定会录用我。

我 16 岁时最大的梦想，就是出一本自己写的书；26 岁时回首，惊讶地发现不知不觉中我已经出了 5 本书了。

说这些绝无炫耀意味。看似坦途的背后，我也走了很多弯路，后来我才发现人是要给自己正面反馈的，不自信的时候啥事都做不好，带着一股脑儿的热情和赤诚反而会把厄运变成转机。

我所经历过的幸运，回头看，其实不是境遇给的恩赐，而是自己一次次靠努力和好心态扭转不利得来的局势——要做咸鱼里最能扑腾的那一条。

当你面对未来期待超过恐惧，许多障碍会自动消失。幸运本质上是主动得来的。

它就像你叫的外卖，你以为是外卖小哥解救你于饥饿之中，其实本质上，还是你自己主动预先付出了一定成本。天上不会掉馅饼，但你可以自己点外卖。

我喜欢的人总是喜欢我，是因为在面对他们的时候，我的眼睛是亮晶晶的，我会拿出百分之百的诚意与善意和对方相处。

我想去的公司能录用我，绝不单纯是靠我“碰运气”和“死磕”，而是因为那是我向往的平台，我会刻意下功夫研究他们的项目，去分析，去思考，去主动表达自己的想法，用实力打动了面试官。

我能在 26 岁的时候累计出版 5 本书，别人听起来会觉得“你好年轻”，但只有我自己知道，我在写作这条路上已经默默走了十年，熬过无数个夜，在各种不可思议的场合赶过稿子——在除夕，在出租车上，在朋友婚礼后台，在许多个下班后匆匆吃一口外卖果腹的夜晚。

是生活捶打出的鳞片造就了我的“锦鲤”体质。哪有什么喜从天降，不过是一个平凡女孩的倔强。

——

说起“锦鲤”，我会想到自己第一份工作的女老板。

她曾经是《环球企业家》杂志社的总经理，后来选择自己创业，创办了一家专门服务于顶尖企业家、精英高管的传媒公司。

我去报到的第一天，就听到同事们说起老板的“创业故事”。我才得知，这家公司不是她一个人创建的，是 10 位当时国内的知名企业家共同投资创办。

这些人最早都是她在做记者和主编时的“采访对象”，后来变成与她交往密切的“生意好友”，再后来，成为她的天使投资人。

据说她当初是在一次私人聚会上提出了自己创业的想法。

当时的她并没有太多财富积累，却用自己独特的商业嗅觉和一流的讲故事能力，折服了在场的所有企业家。她原本没有“拉投资”的目的，只是阐述自己的想法，但她充满感染力的表达最终赢得了所有人的赞叹。

在这些商界好友的帮助下，她开了自己的公司。

她走的每一步，在外人看来都无比幸运。

只有真正和她接触过的人才知道，她的才华、能力和真诚配得上这一切美好。

我在工作中渐渐发现，她和报纸上的“女老板”不同，她不是一味强悍、走路带风的传统事业女性，而是理性与感性并存，她会严格要求大家，也会偶尔像个小女孩一样在办公室里分享自己的趣事。

她对她的野心从不掩饰，月亮和六便士她都要。

在她的身上，看不到那种“拧巴感”，她敢于大胆畅想未来，会在同伴工作受挫时暖心抚慰，会和公司里年轻的“小朋友”探讨成长路线，也会在项目尝试失败后公开承认是自己决策失误了。无论身处何种境遇，她都拿出最真诚的姿态来面对生活。这是她身上独特的“做自己”的人格魅力。

她让我看到女性身上真正闪闪发光的东西：从芸芸众生中走来，脆弱又坚强，温柔又坚定，那种完完全全活在当下的热气腾腾的生命力。

一个人最美的样子，就是当她全情投入自己的生活，活得像是在舞台灯光下的样子。

——

你越做自己，就越有人欣赏你。

爱情方面也如是。

我有个女性朋友，过去总是在情感里受伤。

她的情路之波折都可以写成一本“狗血”小说了。

有一次，我们夜里在她家喝了点儿小酒，借着微醺，几个人敞开心扉聊起了谈恋爱这件事。

她晃晃杯子，叹了口气：“其实，我知道我的问题在哪儿。”

用她自己的话来说，其实她的情感模式是不健康的。她平日里是一个非常“拎得清”的女孩，有敏锐的洞察力、独特的判断力，在工作和处理人际关系上都游刃有余，但只要喜欢上一个人，就会变得特别卑微，事事以对方为先。

她会过分在意对方喜欢什么。如果对方喜欢长发，她就蓄长发；如果对方不喜欢她出去玩，她就大部分时间在家陪对方打游戏。渐渐地，她变得不像自己。当她内心的天平全部倾斜到恋人的喜好那一边，她本身的魅力反而消失了。

要知道，一个人喜欢你，肯定是因为你有特别之处，而当你对他完全顺从、依附、妥协，你也就离他最初喜欢的你的样子越来越远。

她的上一段恋爱谈了半年多。对方是个年龄小她几岁的男生，追她的时候充满了热情，会在早上七点多等在她的小区门口给她送早餐，会在她加班到深夜时带着一束花去接她下班。但二人真正在一起之后，对方却逐渐冷淡下来。

她转述了分手理由——男孩说："我原本以为你是一个独立的女孩，但后来觉得你太黏人了，你都没有自己的生活圈了，我感觉很有压力。"

她抿了一口柚子味的果酒，耸耸肩说："可笑吧？喜欢一个人不就是会想要黏着对方吗？"

我们相视一笑。

她说得没错。

喜欢一个人，当然想时时刻刻和对方在一起，但假设其中有人的真心掺了水分呢？

另外，很重要的一点是，我非常想和年轻女孩们分享：无论和谁在一起，都不要丢了你自己。

爱情的美好，在于它是疲惫生活中的一颗糖。当我们被高压工作压榨出辛辣酸楚，当我们尝到成年人世界里世事无常的苦涩，它的出现能召唤出我们心底最柔软美好的憧憬。

当你的生活充满糖，过度的甜腻反而会让你丧失乐趣。

“你给得太多，就不被珍惜了。”

朋友点点头：“你说得太对了。”

我知道，很多女孩在谈恋爱的时候都容易走入这样的误区：因为太喜欢了，反而手足无措；因为太在乎了，想要拼尽全力留住对方。

讨好型人格在某种程度上是匮乏爱的一种表现。爱的匮乏使我们对爱情的期待十分理想化，这也必然导致期待破灭。

你的生活重心都不在自己身上了，你的光芒也会随之消失。

后来我这位女性朋友没有再执迷于谈恋爱这件事，她回归到自己正常的生活轨道上，专心工作，真诚待人。还是会有新的约会，但她有了“平常心”。她还是会用自己的一腔孤勇去爱，还是在爱情里毫不遮掩自己的真心与忐忑，但不会再为了对方而一味委屈自己了。

想要获得同等的爱与尊重，首先你要好好对待自己。

无论是工作、恋爱，还是人际关系，任何一段旅程的出发点都应该是自己的心。留住春天的唯一方式，不是成为花，而是成为春天。

林夏萨摩

无论什么时代，女人用心搞事业都是一条好出路

只要稍微观察一下你就能发现，

那些在职场里混得好、吃得开的人，

就算不能做到跟谁都好、跟谁都熟，

至少也能做到不跟任何一个部门的人起不必要的冲突，不去树敌。

心智成熟的职场人，

尊重和善待每一个同事。

二

开了半年网店，不仅没赚到钱还贴了不少存款的嘉妮，决定还是老老实实找个公司上班。

在网上“海投”了三周简历，又在两周内陆陆续续面试了五家公司，嘉妮最终进了一家心仪的互联网公司做运营。找到满意新工作的兴奋劲还没过去，她就经历了“社死现场”：把比她早三个月进公司的客户总监 Lisa 给得罪了。

有人的地方就有江湖，大公司的茶水间和卫生间永远是是非最多的地方。

某天午饭后，她在卫生间补妆，听到旁边有几个老同事在讲员工八卦。开头几个人的名字她没听过，也就没仔细听，等到 Lisa 的名字蹦出来，她立即竖起了耳朵听，拿着粉饼对着镜子往脸上拍的动作也越来越轻。

“喂，你们听说了吗？那个空降的 Lisa 是靠关系进来的。”

“怎么说？你收到什么风了？”

“呦，你们还不知道呢？她是咱们运营总监的前女友，走后门进来的。李总监跳槽以后，别人给老板内推了好几个资历深的都没通过，她才 29 岁就能坐客户总监这个位置，管这么大一个部门，要说没点猫腻，谁信啊？”

“真的假的？难怪啊，我好几次加完班，看到他们两个一起坐电梯下楼，我还以为是巧合呢，搞不好他们旧情复燃了？”

“这谁知道呢？咱们运营总监不是有女朋友吗？你是说他劈腿？”

“有可能……”

认真听完的嘉妮在内心感慨，果然艺术源于现实，这个新鲜出炉的“瓜”也太“好吃”了，公司里八卦的精彩程度不亚于她正在追的几个网剧。

这个世界上，没几个人能保守秘密，知道了秘密却不和人交流是件很难受的事情。她本就是一个心直口快、没心没肺的人，憋了三天终于憋不住了。第四天，她上完洗手间，迫不及待地跟同期进公司的Amber说：“Amber，我跟你讲个八卦，你不要告诉别人哦。”

“什么啊？你说呗。”

“客户总监Lisa你知道吧？她是咱们运营总监的前女友。听说他们最近好像旧情复燃了……Lisa进公司也是运营总监推荐进来的。”

嘉妮一边说一边涂口红，完全没意识到身后突然站了一个人。

她转头看Amber反应的时候，撞上了Lisa想杀人的眼神，吓得口红都掉进了洗手池。

Lisa看了眼嘉妮身上挂的工牌：“运营的？”

“看来你们运营部门的工作量严重不饱和，要不你来帮我们把客户部门的活儿也干了？你对我的感情八卦这么感兴趣，我开个专场给你讲一遍？以后你的工资也别拿了，每个月打到我的账户上当门票。”

Lisa 说完，像一阵风一样飘走了，留下了脸涨得通红的嘉妮。

周末聚餐，嘉妮给我复述这一段的时候还心有余悸。她说："Lisa 的气场太强了。林夏，你说我以后咋办？实习期还没过，就得罪了一个公司领导。"

我说："你应该庆幸 Lisa 不是你的直属上司，不然你以后的日子可能很不好过。"

"我错了嘛，我怎么知道会那么巧被她撞上……"

人在职场江湖漂，要想混得好，要想人见人爱花见花开，有些生存法则必须牢记。

职场生存法则的第一条就是"管好自己的嘴，千万别在公司里传播任何同事的八卦"。"秘密"是世上传播最快的东西之一，隔墙有耳，保不齐哪一天，你就像嘉妮一样，被八卦当事人兴师问罪了。

况且没有领导会喜欢事没做成几件、嘴巴倒挺碎的人。

—

我从来不是一个喜欢搞办公室政治的人，但有人的地方就有江湖，有江湖的地方就有血雨腥风，就有抢夺地盘和资源的斗争，公司里也不例外。

表面上，公司这艘巨轮在各个部门的通力协作下不断向前行驶，但私底下，各个部门之间有很多博弈，每个人也都有各自的小九九，看似平静的海面下暗流涌动。

所以，对于像嘉妮这样的职场新人来说，职场生存法则的第二条是“最好别去得罪在几个关键岗位上手握生杀大权的同事，尽量跟他们搞好关系”，不然到最后可能连怎么被踢出公司都不知道。

人在职场混，首先不能得罪的就是HR。

在你入职前，负责招聘的HR主宰着你的面试与背景调查，他对你的评价直接决定了你能不能顺利拿到录取通知，你不能得罪他；在你入职后，负责绩效考评的HR极大程度地影响了你的职级和薪资的上升空间，你不能得罪他；你想跳槽去新公司，前公司HR就成了类似你前任的角色，为了防止你前公司HR在你现公司HR面前乱说话，阻碍你拿到新公司的录取通知，你更不能得罪他。

这些都是血泪经验。工作这些年，我身边“成也HR，败也HR”的大有人在。

有人人情练达，把HR那边的人际关系打点得很好，能提前收到公司裁员的消息，甚至能很快通过HR手头的资源，被内推到新的职位上；另一些人，工作能力一般，情商也很低，得罪了HR都不知道，找新工作的时候就栽在了背景调查上。W就是这样，而且人家HR也没玩心机、耍手段，只是如实地陈述了他先前在公司里经常迟到早退、喜欢推卸责任等客观事实。

我当然相信，任何一个足够专业的HR心里都有一条线，不会把公事和私事扯在一起，但我们未雨绸缪、以防万一，总是没错的。

——

在公司里，第二不能得罪的就是财务。

财务部门在任何一家公司都是核心部门，能在公司里管钱的人，一般都是老板的亲戚或心腹。普通的财务小姑娘不能得罪，财务阿姨、财务总监就更不能得罪了，尤其是跟业务密切相关的部门更要谨慎。

几乎所有甲方公司市场部和乙方公司客户部的工作，都涉及商务宴请、合同签订和付款，都不可避免地频繁出差。

如果不小心得罪了财务人员，每次报销都进行得特别慢，自己每个月工资的三分之一都得先垫上，搞得自己的日子过得紧巴巴的，你心里郁闷不?

第二天早上六点要坐飞机去三亚做项目了，备用金还没打到你的账户上，客户指定的酒店房间和宴会厅的预付款还没付，眼瞅着宴会厅经理在接洽别的公司了，你着急不?

万一因为预付款没及时付，项目没谈成，你觉得老板第一时间是找你算账还是找财务算账?

如果真的因为财务打款不及时，项目没谈成，你会被问责，财务也会被问责。

但人家财务被问责了也有话术：她又没跟进项目，怎么知道必须卡在哪个时间点前付款？公司的钱每天进进出出那么多，她每笔钱的进出都是按申请单来的，你的申请单上又没具体写要几点几分到账，她怎么知道会耽误事情？说不定人家还可以反咬你一口，说你业务能力不行：说到底酒店是你的供应商啊，晚了一天打款供应商就撂挑子不干了，说明你前期就没有沟通好。真遇到这种情况，你能全身而退吗？

听起来很离谱，像宫斗戏一样，对吧？

这是我的朋友 Anni 入行广告公司第二年的真实遭遇。

她那时候刚毕业没多久，年轻气盛。有一次报销，财务阿姨在群里点名批评她发票贴得一塌糊涂，打回去让她重新贴好，不贴好不给报销。

她看到这条消息的时候，还在公司里熬夜加班，尽心尽力地干活，火气一下子就上来了——交报销单的时候她遇到了设计部的几个人，人家贴的跟她的差不多，怎么没被打回重贴？还不是看她是新人好欺负。她一时气不过，就在群里顶回去，把财务阿姨给得罪了。

从那以后，她的报销单必须齐整到能当新人培训模板那种程度，不然，她的报销费用永远最后一个到账。

后来有一次她又因为备用金跟财务部的另外一个人掐了起来。半年后，她栽在了预付款上。要不是带她的客户总监跟供应商关系很好，帮她善后，她就只能卷铺盖走人了。

—

除了 HR 和财务，公司还有看似不起眼但最好别得罪的人，那就是前台小姐姐。

一定有人说，前台又不是多高的职位，就算得罪了又怎样？

那我就想说了，职业不分高低贵贱，因为一个人职位低就看轻对方，这不对啊。再说，你跟前台小姐姐搞好了关系，你总能第一时间收到跟业务相关的快递和文件，不好吗？你开会忙到没时间订饭，前台小姐姐订餐的时候帮你订了，不美吗？

上面我说了三类在公司里不能得罪的人，其实我真正想说的是，一个心智成熟的职场人，尊重和善待每一个同事。

只要稍微观察一下你就能发现，职场里那些混得好、吃得开的人，就算不能做到跟谁都好、跟谁都熟，至少也能做到不跟任何一个部门的人起不必要的冲突，不去树敌。

—

人在职场江湖漂，还有两条生存法则非常重要：

一、不断地提升自己的业务能力。虽说人际关系很重要，但它只能给你提供附加分，在如今这个竞争激烈的职场大背景下，最终能让你在一家公司平步青云的一定是你的业务能力。

二、快速锁定解决问题的关键人物。独木不成林，孤军难成事，我们在工作中一定会遇到需要跨部门协作的事情，一定会遇到自己解决不了的难题，这时候准确地锁定“救兵”，能解决 90% 以上的烦恼。

希望每个人都能够凭借自己的能力和坚持，迈过职场上的坑，早日从新人小白成长为独当一面的能手。这条路虽远，却清晰可见。

图书在版编目（CIP）数据

这世界很烦，但你要很可爱：2.0 版 / 万特特等著
. -- 北京：新世界出版社，2023.6
ISBN 978-7-5104-7557-3

Ⅰ. ①这… Ⅱ. ①万… Ⅲ. ①成功心理—通俗读物
Ⅳ. ① B848.4-49

中国版本图书馆 CIP 数据核字（2022）第 190823 号

这世界很烦，但你要很可爱：2.0 版

作　　者：万特特
责任编辑：董晶晶
责任校对：宣　慧　张杰楠
责任印制：王宝根
出　　版：新世界出版社
网　　址：http://www.nwp.com.cn
社　　址：北京西城区百万庄大街 24 号（100037）
发 行 部：（010）6899 5968（电话）　（010）6899 0635（电话）
总 编 室：（010）6899 5424（电话）　（010）6832 6679（传真）
版 权 部：+8610 6899 6306（电话）　nwpcd@sina.com（电邮）
印　　刷：吉林省吉广国际广告股份有限公司
经　　销：新华书店
开　　本：880mm × 1230mm　1/32　　尺寸：145mm × 210mm
字　　数：220 千字　　印张：8
版　　次：2023 年 6 月第 1 版　2023 年 6 月第 1 次印刷
书　　号：ISBN 978-7-5104-7557-3
定　　价：52.80 元